高等院校艺术设计"十三五"规划教材

视觉环境
插画设计

VISUAL
ENVIRONMENT
ILLUSTRATION
DESIGN

王艺湘 编著

中国轻工业出版社

图书在版编目（CIP）数据

视觉环境插画设计 / 王艺湘编著. —北京：中国轻
工业出版社，2021.3
高等院校艺术设计"十三五"规划教材
ISBN 978-7-5184-1630-1

Ⅰ.①视… Ⅱ.①王… Ⅲ.①环境设计—插图（绘
画）—绘画技法—高等学校—教材 Ⅳ.①TU204.111

中国版本图书馆CIP数据核字（2017）第230810号

责任编辑：李 红 责任终审：张乃柬 整体设计：锋尚设计
策划编辑：杨晓洁 责任校对：晋 洁 责任监印：张 可

出版发行：中国轻工业出版社（北京东长安街6号，邮编：100740）
印 刷：艺堂印刷（天津）有限公司
经 销：各地新华书店
版 次：2021年3月第1版第2次印刷
开 本：889×1194 1/16 印张：8.75
字 数：240千字
书 号：ISBN 978-7-5184-1630-1 定价：48.00元
邮购电话：010-65241695
发行电话：010-85119835 传真：85113293
网 址：http://www.chlip.com.cn
Email：club@chlip.com.cn
如发现图书残缺请与我社邮购联系调换
210289J1C102ZBW

前言

如今插画艺术已经成为人们精神层面和物质生活上视觉艺术的主导方式，它不同程度地影响着社会意识形态的构成，影响着大众的审美价值取向。插画艺术的语言、插画绘图的方式和设计的成果也渐渐摆脱术语和概念上的单一，日渐多元化地贴近大众生活。无论是用传统的画笔工具，还是新兴的电脑绘制，由不同程度的现代媒体，如电视电脑等，形成了不同层面的，对人的思想转变形式。插画艺术在年轻人的群体中拥有了大量的受众者和追随者，一些年轻人和新锐插画师们也非常热衷于插画设计，提倡创新独特视角的插画设计并享受插画设计所带来的乐趣。

在插画发展的历史过程中，其涉及艺术中的多元应用领域的发展在不断延伸，尤其在信息技术化高速发展的时代，人们的眼球在平时生活中也被各种新鲜的信息资讯所充斥着。这些都说明了，插画这一艺术设计形式带给人们不同的感官体验，其风格表现多种多样，已经形成了现代社会一种不可或缺的传达形式。通过对插画艺术在文学插图和商业插画中的具体研究探讨，再到中国民间绘画与传统绘画对插画艺术的影响，体现出"民族的才是世界的"这一核心价值。插画艺术已经深入到甚至渗透到艺术、生活、文化的方方面面，插画不仅仅是一门看似简单的艺术载体，它深受现代设计的影响，其在艺术领域得到长足发展，涌现出更加多姿多彩的富有创意的插画作品。

插画艺术是现代设计领域不可或缺的文化艺术传达方式。它因其生动形象性、色彩绚丽感、冲击强烈的特性在现代设计中占据独特的有利条件，被广泛应用于现代设计诸多方面，给文化传播及文化活动、公益效应与社会公共事业、商务活动和商演调研、影视文化传播等方面带来了勃勃生机，所以更加值得我们去探讨发掘出插画的艺术感染力和价值所在，为人类生活提供更加优质的视觉文化艺术享受。

插画主要分为艺术插画和现代商业插画两种。由于插画的时代性，它引导着大众的审美取向，在很大程度上推动了人们审美意识形态的形成。在创意产业大行其道的背景下，现代插画的统一标准早已打破了传统的观念，由过去单一的创作方式逐渐演变为多种表达语言、多种演绎方式、多种表达风格，这使商业插画得以繁荣发展。插画师们用全新的创作模式、多元化的材料，充分利用多种媒介平台，创造出新的作品，使插画拥有更大的发展领域。插画的表现形式也在不断革新，从传统手绘到矢量插画，传播媒介从传统出版物到现代媒体，它让人的思维方式发生了改变，眼界变得更开阔。这当中商业插画对设计创意的要求更高，对制作标准的要求更加严谨，这就对国内外插画师提出了更大的挑战。

本书共分为四部分，全面系统地论述了插画设计在视觉环境中的基本原理和准则、创意与艺术表现以及应用等重要理论问题，使读者能够系统地把握插画设计的脉络，从而有效地学会插画设计的观念、原理和技巧。本书在撰写时参照了视觉传达设计和环境艺术设计高自考考试大纲和考核知识点，希望本书的出版能够为基础设计的教学提供一定的参考，为设计者提供一定的可操作性指导。本书可能存在疏漏和欠妥之处，希望得到读者批评指正。另外，书中有些作品由于无法查明原作者（出处），敬请谅解，欢迎作者与我们联系。

在本书的编写过程中得到了中国轻工业出版社的大力支持，有关编辑提出了许多宝贵意见，并对图文进行了辛勤的校勘。我的研究生王凡、谢天、王昊、张嘉毓、魏欣也参与了部分编写，为本书做了大量的整理工作，在此一并表示真挚的谢意！

王艺湘

2017年2月

CONTENTS 目 录

CHAPTER

01

第一章

插画设计的
基础理论

在21世纪的今天，艺术设计在时代变迁中随科技发展不断向前迈进。随着生活水平的提高，人们对设计的要求也越来越高，从设计的功能选择到视觉精神的享受，这些现象无一不代表视觉文化时代的来临。视觉文化占据了时代的主流，插画作为视觉文化时代下所诞生的产物，近几年备受关注，插画设计作为视觉传达的重要手段之一，肩负着独特的作用。

一、插画设计的概念

在我们的日常生活中，人与人之间常常需要表达自己的想法给对方知道，或者要告诉别人，你心里头有什么心事。这时候除了用"语言"或用"文字"来表达之外，还有一个方法就是"图画"。《辞海》对"插画"的解释是："指插附在书刊中的图画。有的印在正文中间，有的用插页方式，对正文内容起补充说明或艺术欣赏作用。"这种解释主要是针对书籍插图作出的定义，是一种狭义的定义。由于信息时代的来临、现代社会的发展，现代插画的含义已从过去狭义的概念（只限于画和图）变为广义的概念。插画是指通过图形进行信息传递的一种艺术表现形式，主要功能是对文字进行说明解释并提供一定的想象空间，这就决定了插画不是一种独立的艺术，需要依附文字或是宣传的总体设计进行传播。从传统功能性角度来看，插画艺术的确具有很强的依附性，不具有独立表达主题信息的能力。但是从艺术的角度出发，插画绘制精美、形象直观、艺术感染力强，具有很大的审美价值，这就为插画艺术逐渐从书籍母体里独立出来增加了筹码。现在，插画不仅用在书籍方面，而且更广泛地运用在社会文化和商业等各个领域的信息传播方面，已经成为视觉传达中一种不可缺少的表现手段。

现代插画与传统插画有着一定的区别，两者在功能、表现、传媒等方面都有不同。现代插画以商品作为服务对象，而商业活动本身要求是要把所承载的信息准确地传达给受众，使人们正确接收和把握这些信息，然后让消费者在感受美的同时实施购买行为。而往常片面的理解局限了插画向多方面延展的可能，阻碍了插画的多元化发展，可以说在信息技术飞速发展

的今天，已经不能够对各方面都产生巨大变化的插画进行全面的解释（图1-1～图1-3）。

今天，插画以其直观的艺术形象、真实的生活感、强烈的审美趣味博得人们的喜爱，插画在现代设计领域中发挥了重要的作用，它不仅有补充说明文字的功能，还因为插画的造型、色彩等诸多因素而引人注目，起到了视觉传达的作用。

图1-1

图1-2

图1-3
学生王凡设计作品

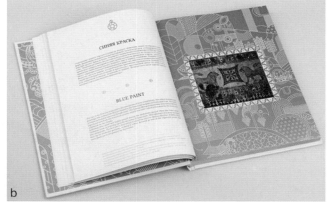

图1-4
书籍插画

图1-5
学生董瑶琪插画作业

二、插画设计的特性

插画是伴随着绘画艺术出现的，为人们所熟悉和喜爱。它在信息的传达上可以超越民族、国家、肤色、语言等差异，做到简明易懂，具有很强的直观性。它的艺术特色鲜明且具备以下特点：

（1）**实用性**。实用性是插画最基本的属性，插画是视图的表现图形，便捷实用，人们可以通过插画来了解相关信息。例如，人们可以从商业类插画中了解产品的信息，可以从书籍类插画中加深对文字信息的认识（图1-4）。

（2）**直观性**。插画不同于一般的绘画作品，它鲜明且直接，能够直观反映相关的信息，观众通过插画就可以初步理解设计师想要表现的内容（图1-5）。

（3）**审美性**。艺术是生活的浓缩与升华，是美的再现，而插画设计是一种艺术创作，它遵循一般艺术创作的规律，因此插画具有审美特点，通过插画，我们可以领略到真善美的内涵。插画虽然是从绘画艺术中发展而来，但不等同于绘画艺术，它们可能在画面中展现直接的或者是间接的情感；通过比喻、暗示或者是夸张的形象记录反映艺术家的主观意识、内心情感；通过画面展现艺术家的情绪、幽默、冷峻、沉重……这些只要有自由表达的个性，都会给我们带来丰富的艺术审美（图1-6）。

现代插画具有多种美的表现，如朦胧美、含蓄美、时尚美、另类美、厚重美等，因此，在日常鉴赏中，我们可通过细细品味这些具有美感的作品，获取美的感知和享受。除了视觉美之外，插画设计也有一定的情节美的表现，插画中的有些情节我们或许已经熟悉，有些场景我们似曾相识，插画师正是通过这种

a

b

c

d

e

图1-6
美狐狸插画

情节特点来引起我们心灵的共鸣。

（4）**创造性**。人们做任何事情都需要具有创造性，作为改造世界的精神和智慧。创造性在插画设计中的对应词是创意，创意是设计师根据插画主题的表现要求，经过静心思考与策划，巧妙地运用独特的艺术手法创造出一个新颖独特的构想和意念。插画是在现实材料基础之上加工而成的，但它却不局限于显示材料，它能创造出新的世界。插画的世界观是建立在人的观念之上的，设计师通过灵活的变化、合理的组织，将插画世界有序地展现在我们面前。在这种世界中，人物、动物、场景已经经过艺术加工，加工后的人物、动物、场景都具有了鲜明的特征，这正是插画设计的魅力所在（图1-7）。

创意是插画设计的灵魂，没有创意的设计使作品本身丧失了思想内涵，就无法产生吸引力和感染力，令人感到平淡无味。而一个成功的设计创意让特定信息通过精湛的艺术构想表现出来，产生能打动人心的震撼力量，让观者在审美享受的过程中去发现设计作品中所传达的信息。

（5）**多样性**。插画设计的多样性主要在于其传播媒体的多样性，造成有某种传播媒体就有与之相对应的插画设计形式，例如广告插画设计、报纸插画设计、产品包装插画设计、招贴插画设计等，共同构成了一个多面立体的插画设计网络，展示了插画设计表现的多样性与丰富性，极大地满足了人们的审美体验。

插画的技术手段多种多样：油画、版画、水粉、水彩、色粉笔、彩铅、丙烯、麦克笔、摄影、电脑绘图等都可以成为插画表现的工具。不同的工具能带来不同的视觉感受，使得插画的艺术面貌丰富多元（图1-8、图1-9）。

插画设计的多样性还体现在它的许多特点上，如抒情性、讽刺性、商业性、幽默性、抽象性等，这些特点在不同的插画作品中都会有所体现。随着插画艺术的发展和插画市场的繁荣，设计师更加注重于微观世界的探索和人物内心世界的表达，随着插画与基础绘画、哲学、科学等相互结合，其特点也随之增多。

三、插画的发展历程

插画的发展经历了从古代时期的洞窟壁画形式到印刷文明中的精致小说插图，再到数字化技术的发展，使古老的"插画"传播方式得到延续，人们从数千年之久的抽象符号形式回归到直观的具象交流方式为本源性的样态，转向与人们日常生活同构的视觉语言和图像符号，并且以更为方便快捷的形式进入到人们的生活领域中来，与人类朝夕相处。通过插画形式让过去古老的听故事与讲故事文学活动更直观贴切地虚构动人的故事情节与人物形象，使二者之间比任何时期联系得都更加紧密。

西方插画最先是在19世纪初随着报刊、图书的变迁发展起来的。而它真正的黄金时代则是20世纪

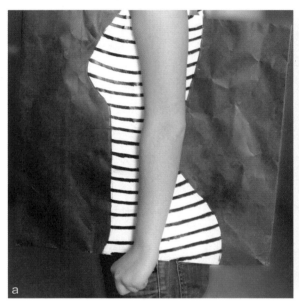

图1-7
学生刘风插画作业

图1-8
学生刘磊插画作业

图1-9
学生朱彤插画作业

五六十年代，首先从美国开始的，当时刚从美术作品中分离出来的插图明显带有绘画色彩，而从事插图的作者也多半是职业画家，以后又受到抽象表现主义画派的影响，从具象转变为抽象。直到70年代，插画又重新回到了写实风格。

中国插画的发展经历了多个时期：唐、宋、元、明、清——古代插画时期；20世纪40—80年代新中国成立、"文革"时期；以及20世纪90年代至今受数码技术影响的现代插画时期，这一时期发展不存在继承式的关系，而是不同的艺术形式并存。

中国最早的插画是以版画形式出现的，是随唐朝时期佛教文化的传入，为宣传教义而在经书中用"变相"图解经文。又由于雕版印刷的发明使用，大量的佛教题材教义得以大量复制。这也在一定程度上标志着手写本图书与印刷图书的分离。

宋代统治者重视文治，因此，雕版印刷术得以全面发展，带动着插画艺术的应用范围也逐渐扩大，出现了大批量的用于医药学书籍的插画作品。

元代，强调平民生活的市井文化迅速发展，各阶层对于书籍的印刷量要求迅速增加，促进了印刷术和插画的迅速发展。

明清时期，文学作品的兴起带动了插画的发展进程，如《红楼梦》《水浒传》《三国演义》《西游记》等。清后期，由于西方绘画思想和石版印刷术的传入，插画形式随之进入了价格低廉的书籍印刷阶段。除此之外，民间年画对插画也起到了一定的影响作用。

在西方插画技术及艺术风格的影响下，我国的插画艺术表现手法也开始偏向于西方写实主义，其内容也开始挣脱了本地土壤向西洋化的发展，商业化色彩在此期间也开始浓郁起来，月份牌广告插画和药品广告插画等包装插画随着商家或行号的促销商品而丰富运用起来。其中我国近代最早的现代商品插画还要数个人家生活中必备记录日期之月份牌广告插画。20世纪30年代以后，早期月份牌广告插画一般采用擦笔水彩西洋绘画技法，并运用更为先进的金属平版和间接平版印刷、平版印刷和机械印刷等彩色印刷技术，绘画主题多以"旗袍美人，洋装美人"为主。

20世纪80年代以后，我国经济、文化事业飞速发展，插画这一艺术形式与现代视觉文化理念相结合，成为表现视觉形象设计的重要学科。另外，由于网络媒体异军突起，更加加速了插画的普及和应用。

与此同时，我国内地的插画设计师还在寻找着属于自己的产业之路，我们只有全面、系统地学习，才能充分地认识它们，在学习过程中必须开阔视野，广泛地从各个领域吸收精华，融会贯通，只有这样才能创造出一条有特点，适合我国国情的插画产业之路。

四、插画设计的现状

社会发展到今天，插画被广泛地用于社会的各个领域。随着艺术的日益商品化和新的绘画材料及工具的出现，插画艺术进入商业化时代。插画在商品经济时代，对经济的发展起到巨大的推动作用。插画的概念已远远超出了传统规定的范畴。纵观当今插画界，画家们不再局限于某一风格，他们常打破以往单一使用一种材料的方式，为达到预想效果，广泛地运用各种手段，使插画艺术的发展获得了更为广阔的空间和无限的可能。

插画在中国虽然发展得较晚，但追溯起来也是源远流长。插画经过新中国成立后黑板报、版画、宣传画格式的发展，以及20世纪80年代后对国际流行风格的借鉴，90年代中后期随着电脑技术的普及，更多使用电脑进行插画设计的新锐作者涌现。

美国是插画市场非常发达的国家，欣赏插画在社会上已经成为一种习惯。一方面，有大量独立的插画产品在终端市场上出售，比如插画图书、杂志、插画贺卡等；另一方面，插画作为视觉传达体系（平面设计、插画、商业摄影）的一部分，广泛地运用于平面广告、海报、封面等设计的内容中。美国的插画市场还非常专业化，分成儿童类、体育类、科幻类、食品类、数码类、纯艺术风格类、幽默类等多种专业类型，每种类型都有专门的插画艺术家。整个插画市场非常规范，竞争也很激烈，因为插画艺术家的平均收入水平是普通美国人平均收入的三倍。

众所周知，日本的商业动漫已经有了庞大的市场和运作队伍。而动漫是插画产业的一个重要分支。在计算机进入插画领域之前，靠手工绘制的动画就已经成了日本的朝阳产业。今天的年轻一代则越来越倾向于使用电脑数码技术。数码插画借助计算机技术成为动漫插画发展史上的重要转折，这体现了电脑与动漫视觉设计结合后所产生的巨大技术能量。高水准的插画设计是商业与艺术结合的典范，在日本卡通文化的长期盛行和全球性推广中扮演了重要的角色，并和年轻人产生心灵的共鸣。

在韩国，随着近几年游戏产业攀升为国民经济第二大支柱产业，插画尤其是数码插画异军突起，用数码插画设计出来的游戏人物随着韩国游戏在中国的普及而赢得了更大的市场空间。与此同时，中国香港和台湾地区的插画设计师还在寻找着属于自己的产业之路，尽管他们的作品都有着明显的学步日本的痕迹。

现代插画的概念日益泛化，不断向周边领域扩张和渗透，我们可以在艺术品、互动媒体、时装、建筑、动画、电玩、电影、广告以及数码产品等各个领域内看到插画频繁出现的身影。多种视觉艺术形式日益密切的互动和整合，使各自的界限日渐模糊，也随之产生了新的内涵和发展方向。后现代主义逐渐成为主流的时代，大量非主流的插画产生并获得广大的发展空间，这种趋势应用到生活的各个方面，逐渐成为时尚潮流的宠儿。

五、插画设计的未来

电脑的问世和互联网的诞生改变了现代插画的发展方向。电脑的使用丰富了插画的表现手法，增大了插画的表现空间，可以轻易混合多种表现形式，满足个性化的创作需求。电脑的使用缩短了插图的绘制周期，提高了插图的绘制效率，满足了高速度，多元化，即时性的现代设计节奏。

哪里有繁荣的经济市场，哪里就有插画艺术设计。插画艺术的目标是为经济建设和发展服务。在数据时代的插画设计，它的民族化差异越来越小、插画内容越来越多元化。未来的趋势也会朝着一个体系庞大的、更加专业化、职业化的方向逐步发展。更多具有高素质的设计专业人员也会不断地加入到这个大的队伍中来。在创作插画的同时，应不忘民族设计的根本，在设计风格中不断融入民族化元素，使民族精神得以延续与传承，通过更多具有民族文化的插画作品，为国家经济腾飞注入活力、更好地传播中国民族文化。

（1）多元化。随着全球经济的迅速发展，人们的物质生活水平正在逐步提高。经济生活改善的同时，人们的精神文化层面和审美品位也都在不断地提升。为了不断地适应并引导这种变化，插画从业者们必须打破思维的界限，无论从观念到表现技巧上都着重于个性的追求、创新的探索、突破过往传统造型元素的禁锢，吸取各种艺术形式的表现手法，运用夸张、变形等造型方法加大设计理念体现的力度。诸如摄影、绘画、雕塑、音乐、文学这些艺术为插画家们提供了丰富的灵感素材与表现手法。这种表现题材和方法的拓展决定了现代插画必定向着一个多元化的方向发展（图1-10）。

众所周知，各种艺术思潮是人们对于历史文化和

图1-10

精神层面的反思，并将之体现在艺术领域内的潮流变革和风格转化之中。从古至今的艺术流派多种多样，印象主义、象征主义、新古典主义、结构主义、解构主义、现代主义、后现代主义、未来主义、超未来主义等。单名字就让人目不暇接，更不用说这些艺术潮流反映在各个流派所体现出来的鲜明特点正是值得借鉴的风格方向与艺术特点。这股难以抗拒的时代艺术潮流冲击着整个西方艺术界，使现代插画艺术不可避免地受到了巨大的影响，促使插画绘画的形式也从单一的写实表现走向多元化，加之绘画材料的多样化，从而使传统插画绘画技巧由单一的线描技法、油画、丙烯、水彩等技法演变。受各种风格所影响，并结合自身审美品位，插画家们所创造出的插画作品种类繁多、形式多样、推动插画行业不断向前发展，呈现出一种百花齐放的多元化发展态势，焕发着全新的生命活力。

插画的多样性不仅仅体现在表现题材、表现手法或者是艺术风格上，其传播载体的多样性也成为插画行业发展的推动力量。从最初的用于书籍之中起文字说明作用的插图，到后来运用于包括报纸、杂志、海报、路牌等不同载体形式的插画，其传播载体的多样性决定了插画发展的多元化发展方向。尤其是随着电子信息技术在插画作品中的应用，各种网络、影视载体的加入，插画的应用范围越来越广泛。从某一程度上来说，我们已经很难界定插画形式的具体范畴了，因为这一视觉文化的艺术形式已经展示出了极强的、多元化的生命力，是各种艺术元素的综合表现。

（2）**个性化**。由于当今社会文化的支持，尤其是高度发展的经济和市场需求的有力支撑，插画设计艺术在20世纪末期得到了进一步的推广和普及，进入了一个多元化的新时代。随着大众审美水平的提高，社会思潮的影响和思维观念的转变，人们对于艺术的理解力和接受程度也在逐步拓宽，使插画设计的主题日趋大众化和通俗化，为插画设计创作提供了更大的自由空间。各种标榜个性、另类的非主流文化兴起，使原本就丰富多彩的表现形式更加呈现出百花齐放的态势。在这种共性与个性相交织的艺术环境中，人们努力寻找适合自己个性表达的途径和方法，而插画艺术是一种集合大众趣味与娱乐性的艺术表现形式，恰好适合人们这种感情宣泄的精神要求。插画设计师已不在意传统的艺术风格的历史类型，而更加注重自身设计的艺术个性追求，展现其独有的设计理念和艺术表现，在这种推陈出新的创作趋势下，插画设计进入了在创作上风格各异、个人风格凸显的一个新的时期，过去占领导地位的主流风格的垄断局面消失了，插画设计的个性化得到充分的发展。插画形式的多样性也确保每个人都能找到自己个性化的审美追求，人们可以通过这些极具个性的表现题材和形式轻易地找到合适于自身特点的插画风格。通过对这些风格迥异、个性鲜明的插画作品的认识和理解，不仅可以找到与设计师之间的情感共鸣，还可以从另一角度认识自己的精神特质和心理状态，从而使人们更加深入、细致地理解其自身的个性化特征。可以说，现代的插画艺术是人们个性化发展的集中体现（图1-11）。

其"个性化"的特征还反映在插画设计师们极富个性的设计语言之上。由于现代信息量的迅猛增长，人们周围充斥着各种各样的信息和图像。为了能够在第一时间吸引消费者的目光，设计师们不论是自主设计或是进行外来项目设计，其创作的自由度和灵活度都得到了最大程度的满足。因此，各种独特、另类，甚至带有恐怖色彩的设计语言都能够找到展现的舞台，一大批极具个人特色和风格的设计师如雨后春笋般出现在大众面前。且不论其审美格调的高低或是否具有实际意义，这种极度宣扬个性化的设计风格的确在一定程度上丰富了插画艺术的内容和形式。

（3）**人文化**。自文艺复兴时期的欧洲新兴资产阶级提出人文主义以来，各种以人为本、强调维护人性尊严、主张自我价值的理论备受追捧，这种宣扬个性解放和崇尚理性的观念深深地影响了当今社会的文化发展和艺术表现重点的转移。艺术家们开始更多地关注思想和精神层面的需求，寻求一个将这些精神特质表现出来的有效手段。他们认为客观世界并不重要，人内在的主观感情才是值得深入研究和表现的重要内容。因此，出现了很多表现当今社会人们的欲望、生存价值、情感需求的插画作品，这些作品成为一种感情宣泄的通道和方法，其内容展现了人们欢乐、悲

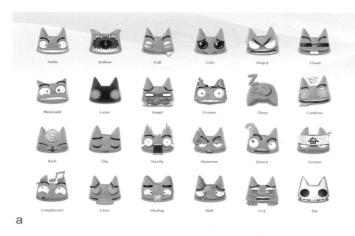

图1-11

伤、忧郁、痛苦、无奈的各种情感色彩，将深藏于内心的情感因素全部调动起来，是重视人文化思想的重要体现（图1-12）。

在当今文化思潮的影响下，插画设计艺术与其他艺术形式一样，强调艺术对人性的关注、情感的沟通，以人的内心与情感作为主要表现内容的插画作品

取得了极大的成功，设计的感性化倾向十分明显，成为当今插画设计一个显著的发展趋势，其传播方式和传播载体已经逐步扩展到了杂志、网络等各个领域。除了这些自身因素的考量外，一部分以人类对于外界的思考和探讨题材的作品同样是人文化现象的表现之一，其内容主要涉及环境保护、对于弱势群体的

图1-12

人文关怀、社会热点问题、战争题材等富有哲理性和现实意义的题材。通过对这些内容的表现，设计师们希望能够表达对于人与外界环境关系的思考。并且将这种思考传达给更多的人。这不仅充分体现了人文化的思想特点，且对于现实社会和人类发展都具有一定的积极意义。为了迎合讨好消费大众，迎合市场的需求和消费大众的喜爱，不得不重视对消费者心理需求的研究，以消费大众的需求为涉及尺度，从而也导致了设计上的一种媚俗倾向。因而，在设计中表现出种种感性化的象征，如大众性、亲和性、愉悦性、平面性、快餐性。一改过去插画艺术的那种理性、规矩、端庄、高雅的外形形态，显得轻松、自然、活跃、柔和，充满了唯美和人性化情趣，令人感到亲切、温馨、柔美、贴心，难以抵挡它的艺术魅力。

（4）数字化。随着现代数字技术的发展，使人类生存的世界更有了翻天覆地的变化，同时将插画设计引领进入一个全新的领域。各种绘图软件逐渐成熟且广泛运用到插画设计的创作之中，并充当了重要的角色。科技的飞速发展、信息爆炸的当今社会，为求信息传递的有效性，而要求视觉信息的单纯化，才能有效地传递到目标对象。电脑绘制已经成为现代插画师的主要创作方式，将过去二维平面特点的绘画形式转化为三维立体的表现方式，极大丰富了插画的表现内容和方法，具有简洁、可复制拼贴的属性，从而确保了易于传播的视觉信息单纯化的品质。由数字化的设计工具所创作出的作品融合了各式各样的艺术风格和

表现形式，其创作过程更加便捷，可以在极短时间内创作出大批娱乐性强、视觉层次丰富、信息量大的作品。正是由于数字技术的这种可复制性、可记忆性的特点，设计师们能够有效地融合各种绘画方式和图形要素，提高设计方法的拓展能力和创意思维的实现能力（图1-13）。

除此之外，数字化的绘图方式可以克服传统绘画工具的局限和不足，能有效、真实地模拟出各种自然笔迹和色彩渲染效果，创作形式不用过多地考虑纸张、笔触、颜料特性对画面的表现，可以任意变换出各种理想的画面效果。在创作的过程中，设计师甚至可以任意地运用各种工具进行随机性的创作，有时会得到意想不到的艺术效果。在当今众多传播媒体形式中，全新的数字图形承载的信息量很大，创意构想新颖独特，艺术表现形式多样，具有人性化的诉求，给人们的想象空间宽广，从而使新型的数字插画别具意味，具有独特的视觉冲击力和感情力量。

六、插画设计的特征

（1）**通俗与生动的表达**。在视觉信息传播的进程中，图像有着所有其他方式所没有的优势，包括声音、文字等。图像是一种通过直接对事物的感知而表达出来的情感，对客观事物有最直接的、生动的反映。而通俗是一种对美的价值取向，并不是形式上的浅显易懂、直白浅陋。通俗不等同于庸俗、粗俗、低

俗，是一种建立在高速发展的经济基础之上的大众文化。插画在平面中的形象表达可以是抽象的或是写实的，这是由于在商业插画中，对产品的性能难以用文字描述时，就需要图像这种语言来做进一步阐述。如何在一幅插画中准确地表达产品要讲述的内容是很困难的。往往运用插画能使观者身临其境地感受传递的信息，甚至可以是某种味道或声音（图1-14）。

（2）艺术与实用的结合。插画艺术既然是艺术，就有着与生俱来的艺术性，它要求插画艺术既要具备艺术的审美趣味，又要具备一定的商业性。商业插画有着固定的市场，有着清晰明确的服务对象，有着明确的商品说明，旨在营造促进消费者购买欲的氛围。但商业插画迎合商业发展的性质，并不意味着可以在失去了其基本艺术性审美的情况下进行。相反，为了保证作品的可读性，对插画审美性的要求可能更高。插画的宗旨是传递信息，对商业是美化，商业为艺术创造价值，二者相辅相成。因此，商业插画创作是艺术性与实用性的结合，不能够忽视另一方（图1-15、图1-16）。

插画的艺术性与实用性不仅仅是互相依存的关系，更是相互促进的关系。首先，商业插画是为商业服务的一种实用性艺术，它在陈述商品性能的同时，只有做到具备较高的艺术性，才能更好地打动消费者；其次，商业插画虽然是艺术，但其本质仍然是充分地表达产品的特性，因此，其艺术性始终是为实用性服务的。综上所述，商业插画的构思越巧妙，表

图1-13

图1-14
学生魏冬杰作业

图1-15
学生胡呈融插画作业

图1-16
学生宋玲玲插画作业

现手法越贴切，设计语言越有趣，越是增加了它的实用性；相反地，商业插画所表达的商品信息越简洁精练，可复制性越强，对它的审美趣味要求就越高。

插画设计的基本分类

在现代化时代大背景下，人类进入信息化社会的步伐加快，视觉文化艺术越来越多地参与到日常生活中来，插画艺术的传播离不开视觉传达这一方式。摄影及电脑技术的发明与普及，使插画艺术更是有机会渗透到几乎所有的视觉艺术领域中，插画设计承载不同的功能，以不同的形式被广泛地使用，只要存在信息交流，插画都大有用武之地。同时插画的形式也被极大地丰富，多样化的插画已经无处不在。在我们当今的社会生活中，插画已经发挥着不可忽略的作用。

随着经济的发展与文化的繁荣，插画也与商业、文化紧密结合，使得插画从形式到内容都得到重大的改变，插画已经涉足我们生活的方方面面。从旧石器时代插画雏形的形成，到近代插画发展序幕的开启，不论是从形式表现，还是运用范围，都使插画设计的种类得到进一步发展与扩充。时至今日，我们大体可以将插画种类分为两大类，其一是艺术类插画；其二是商业类插画。

一、艺术类

艺术源于生活，而美术是艺术的重要组成部分。显然，美术与生活是密不可分，息息相关的。无论是远古时代的敦煌壁画，还是当代潮流的街头涂鸦；无论是民间的连环画还是日本的浮世绘；无论你是流芳千古的大师，还是市集角落的小贩，创作出来的都是美术，都是艺术。艺术不分高低贵贱。而插画，作为一种大众的，传播信息的形式，利用它浅显易懂，突出主题的优势，一直存在于我们身边每个角落。而今天，插画作为一门单独的基础学科，是社会发展的必然趋势，顺应了大众潮流。既然插画从美术学中单独分出来具体研究，就离不开插画自身的独特性，其与纯粹的美术学是有区别的。插画除了表达美，更注重的是一种信息的传递，向受众表达一些思想与内容。

1. 艺术类插画概述

视觉环境设计中，插画是以内容为前提的，内容主要分为两类。一类是艺术类，艺术类主要是书籍类插画，其中包括小说、诗歌散文、民间文学、寓言、儿童读物、绘画、设计等，主要用色彩、图形等视觉元素去完成书中限定的主题和提供的素材进行再创造。艺术类的插画设计含蓄地体现作品的内涵，是通过绘画的手段来完成叙事性目的的。以一系列插画作品来表达小说的情节和空间流程，通过插图把读者带入作品的情节和意境之中。

艺术类插画可以说是文艺性插图的典范，包括了题头、尾饰、单页插图等插图。其表现形式多种多样：有水墨画、白描、油画、素描、版画（木刻、石版画、铜版画、丝网印）、水粉、水彩、漫画等。有写实的，也有装饰性的（图1-17~图1-19）。

艺术类插画一般会选择与书中有意义的景物来表现，既可以增加读者阅读的兴趣，使读者在阅读中得到美的享受，又可以通过与内容有关的图景表达主题。插图的版式一般分为文字间插图和单页插图。平面设计插图作为平面设计总体的一部分，要求它在版面上与文字起到相互协调并有装饰和美化的作用。插图的大小和位置也要和版面相协调，并且对版面起到装饰性作用。在书籍设计中，插图应依次插放在与正文相关的位置上。

2. 艺术类插画的分类

（1）小说插画。现代小说中的插画艺术其实是传承了古代章回体小说中古老的插画艺术形式，其作用都是通过插画的图形化语言来说明或解释该段落或者这一章回中的情节或者故事。读者可以通过生动而且形象化的画面加深对小说故事情节的解读，比单纯的文字更加富有形象的效果。但是这一类的插画在小说故事中的篇幅不会很多，原因是小说本身文字性的内容就带给读者很多的遐想空间，并不是所有的故事情节都需要配插画，太多插画穿插在小说中会产生本末倒置的作用，影响读者对小说的阅读。因为插画艺术本身就带有插画家个人独到的见解，所以插画在其中的作用只是锦上添花。小说中的插画创作，应该选择一些典型的、有代表意义的场景或者故事情节来绘

图1-17

图1-18
丝网印版画

图1-19

画。在这样的故事情节中，包括小说作者能够达成共识的部分，以这样的地方为重点，进行高度的提炼、概括，在此基础之上，运用插画家独特的艺术手法进行生动的、形象的描绘，做到更好地传达画面中包含的信息，突出艺术视觉效果，进而引人入胜、如同身临其境。

在小说插画创作过程中，源于小说的精神表达，从人物无形的内心世界出发，将难以可视化的精神世界，通过插画艺术的绘画语言来进行描述，运用有型的图形化语言间接地表达所描述对象的精神世界。通过小说中的场景、道具、周围的人物等一系列具体的可视的元素的描述，引导着读者在插画艺术中联想到小说中所表达的意念。合理地运用色彩，分饰冷色调、暖色调，相互穿插，调节画面的需要，从而准确地调整到小说之中广义范围的人物心理基调。

（2）科幻插画。科幻类插画主要是根据太空领域、原子粒领域、光学领域等具有科技感的场景内容而设计的插画类别，包括社会科学和自然科学两大范畴，领域广泛而丰富。这类插画视角新颖、气势宏大，具有极强的视觉吸引力；与此同时，插画作品还通过现代机器特征来设计出科幻的场景，让观者有身临其境的感觉。它的主要功能在于图解文字的内容，

让人们对特定的内容留下一个明晰的视觉印象，增强文字语言的表达力或表现难以用文字表述清晰的内容。因此，在表现上多采用写实表现手法，写实的形象、解剖的图形、说明性的图表等，以求精确无误地表达对象的外观形象、功能特质、内在结构，让读者理解得更加明白和透彻（图1-20）。

（3）**儿童读物插画**。儿童读物类插画是针对儿童而设计的，以启迪儿童心智、培育儿童健康的审美意识为主要目的。儿童具有天真活泼的性格、纯洁的心灵，儿童读物对他们的视觉震撼更为重要与直接，因此，儿童插画要体现出和谐、童真、浪漫的艺术特点。它可以培育儿童丰富的情感和想象力，所以儿童读物一般使用夸张、想象、拟人、游戏、幽默等手法进行设计（图1-21、图1-22）。

在儿童读物中，插画比文字更为重要，更容易让儿童认识领悟。同时，孩子也有喜爱画图的天性。所以图画所表达的领域、境界、结构都远比文字宽广、美丽和完整，极易受到儿童的喜爱和吸引他们的注意力，所以插画在儿童读物中占有举足轻重的作用。

（4）**时尚杂志插画**。时尚杂志类插画是根据时尚理念进行的插画设计，该理念认为：时尚是一种高品质的生活追求，它能带给人们一种愉悦的心情与不凡

图1-20
科幻

图1-21
儿童插画

图1-22
学生黄煜涵作业

图1-23
时尚

的生活感受，赋予人们不同的气质和神韵。时尚插画师根据流行、前卫、奢华、另类等一些因素进行设计，它反映了人们个性化的自我追求。随着时代的发展，人们的时尚观念也在悄然发生变化，时尚不仅是潮流与前卫，它更是一种大众美的形式（图1-23）。

（5）诗歌散文插画。一般搭配在散文或者诗歌中的插图我们都称之为散文诗歌插画。尤其是散文诗歌本身就带有极强的个人感情色彩，这样对插画绘画的要求就极高，要求绘画作品的气质必须与散文诗歌的气质相符合。感情的丰富，就要求插画的艺术特点要多样化，它们所表达的境界本身、境界和赋予的精神

境界要一致。挥洒自如的笔触、流畅的线条、简约的构图方式、优美的造型能力、绚烂的色彩，根据原文的文风，通常插画绘画不会采用具象的表达方式来作画，尤其要配合散文诗歌中所独有的虚拟的意境和精神状态（图1-24）。

（6）民俗插画。民俗插画是从我国肥沃的民间艺术土壤之中汲取营养发展起来的，其中涵盖的内容非常广泛，多数取材于我国古代民间老百姓所熟悉的民间故事、神话传说，主要是通过传统故事的描述来反映我国古代的民俗、民风的一种插画艺术形式。民俗插画具体的艺术形式更是异彩纷呈、绚烂夺目、具有

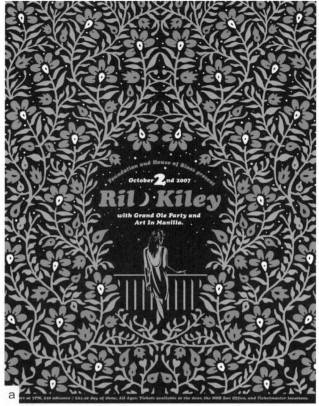

图1-24

图1-25

浓郁的民间特色。通过民间的泥塑、年画、剪纸、图案等多种艺术表现形式将各个艺术形式中独特的色彩和造型，通过运用奇妙的构思将其总结、解构、再融合到插画作品中去，从而达到特殊的艺术效果（图1-25）。

艺术类书籍设计的发展，侧面反映的一种时代精神特征，是时代发展的精神需求的产物。书籍是文化传播的重要载体。但与书籍装帧技术高度发展相反的是插图艺术却每况愈下，需要耗费艺术家大量时间精力的插图已经难见了。艺术类书籍的整体形态是一项多侧面、多层次、多因素、立体的、动态的综合表现形式。艺术类书籍插图是具有实用性和审美性的艺术。其中审美性的研究是有着时代特征的现实性意义的，能够更好地体现现代书籍设计的美感和需求。

二、商业类

1. 商业插画的概述

"商业"在《辞海》中的解释为："以货币为媒介进行交换从而实现商品的流通的经济活动。"商业有广义与狭义之分，广义的商业是指所有以营利为目的的事业；而狭义的商业是指专门从事商品交换活动的营利性事业。在现代插画的设计领域中，具有商业价值的插画被称为商业插画。商业插画是为企业或者产品绘制插图，插画家获得报酬而放弃作品的所有权，只保留署名权的商业买卖行为。商业插画具有形象直观，富有美的感染力等特点，作为现代设计中一种重要的视觉传达形式在设计发展中占据了特定的位置。它涉及社会文化活动、商业活动等诸多方面内容，在现代设计中有着广泛的应用领域。在中国有着悠久历史的年画可以看作是商业插画前身的一种，随着现代社会商业市场的发展，商业插画的应用更为广泛，目前它所涵盖的内容范畴还在不断增加和细化。电脑技术和互联网的发展给现代插画指引了新的发展方向，这又使得现代插画中各种设计元素具有鲜明、生动的特征。在后现代主义占据主流的时代，包括时装、互动媒体、数码产品等很多方面，大量不同风格插画的产生获得了最广大的发展空间，这种趋势的蔓延让插画逐渐成为潮流时尚的宠儿。现代商业社会发展的需求促使商业插画不断搭乘更多的全新载体，从单一的平面、静态的载体转向立体、动态的载体扩展。这种极具趣味性的必然变革让插画艺术已成为当今一门多载体的实用艺术。

随着商业活动中的宣传手段的丰富，各种奇特的包装、户外海报等不断充斥着人们的感官，社会进入读图时代，此时的插画对于商业活动来说就显得非常重要了。商业插画一般认为是参与商业活动的插画，一些人给商业插画定义为："为企业或产品绘制插图，获得与之相关的报酬，作者放弃对作品的所有权，只保留署名权的商业买卖行为，即为商业插画。"在现代设计领域中，商业插画属于插画的一个分支，与绘画艺术有着亲近的血缘关系。商业插画的许多表现技法都是借鉴了绘画艺术的表现技法。随着数字化的普及，商业插画与数字技术的联姻使得前者无论是在探求表现技法的多样性，或是在设计主题表现的深度和广度方面，都有了长足的进展，展示出更加独特的艺术魅力，从而更具有表现力。商业插画被广泛地运用于广告、商品包装、报纸、书籍装帧、环艺空间、电脑网络等领域。

商业插画，其产生的原因是在经济和文化背景下快速发展的，一方面，战后经济逐渐复苏时期的每一个国家经历了大变革，随着人民生活水平的提高，人生观、价值观、审美趣味产生了很大的变化；另一方面，大众传播媒体的迅速发展，使大众文化成为主导消费方式的日常消费文化。目前，我们通过市场数据了解到，应用数字技术的商业数码插画，在现代设计中已经拥有了最为广泛可能性的实现工具和最为自由的创作方法，它对于现代产品包装中的平面演绎有着十足的创意思维方式，透过众多的设计风格和图形语言，使观者产生了许多新奇的视觉审美体验。伴随着现代商业插画的广泛应用，其意义和内涵也在不断地延伸扩展中。数字插画在书籍装帧、网页设计、游戏设定等方面运用越发广泛，信息及数字技术所带来的快速发展不断冲击着传统，带来技术工具的更新换代，从而改变着我们旧的艺术思维和观念，插画与科技结合所形成的各种艺术种类，都具有时代所赋予的鲜明要求和特点。

（1）商业插画设计中创意设计的重要性。创意是人类智慧的体现，也是商业插画的灵魂，没有创意的设计让人觉得索然无味。出色成功的创意应该是通过巧妙的构思而让信息充分表现出来，让受众在审美享受过程中去发现、把握信息。创意的产生本身就需要充分的艺术想象力。艺术想象本身就是和人类的创造性思维活动联系在一起的，创意要在忠实、准确传达信息的目标宗旨下，通过插画家的提炼加工，使其融入审美情趣、审美认识中。创意新颖、构思巧妙、引人注目、具有挑战性的作品源源不断地从各个行业中涌现出来。灵感的产生要求插画家具备感知力、记忆力、思考力、想象力，当然灵感的产生也具有突发性和偶然性的特点。在强调个性化的当今，如何运用一些独特的视觉，独特的艺术风格来吸引消费者的注意力，从而达到传达信息的目的，这都是对插画家的创造力提出的要求（图1-26、图1-27）。

创意是引人入胜、精彩万分、出其不意的；创意是捕捉出来的点子，是创作出来的奇招。这些说法都说出了创意的一些特点，实质上，创意是传达信息的一种特别方式。但是，随着电脑的普及以及应用水平的提高，对于个性化很强的插画设计来说，有了越来越多的表现手法和手段。作为传统的设计应用手法，插画设计经受了很大的冲击，通过不断吸取现代化科技的精华，从而焕发了新的活力。艺术需要个性，设计当然也需要个性，在这个个性张扬的数字化时代，越来越多的设计更需要具有个性化的表现。随着电脑以及各种数字化设备在设计领域的广泛应用，只有个

图1-26

图1-27
学生丁安澜插画作业

性化的设计作品才能在行业中有立足之地，才能在行业中受到推崇，从而获得艺术价值。尤其是在信息化时代的今天，伴随着生活节奏的变化和信息视觉化的发展，数码化的设计正在浸润着生活的每一个角落。处于艺术及设计领域边缘的插画设计对我们来说并不是一个陌生的领域，最近几年，在图书、杂志、时装展示、广告、音乐以及电视荧屏上，插画频频亮相。而且越来越多地被应用到各行各业，在人类信息传播的历史过程中插画变得越来越重要。

（2）**商业插画设计中视觉张力的重要性。**商业插画的视觉张力，简单地说就是画面本身所具有的感染力和视觉冲击力。在商业性绘画创作中，视觉张力是无处不在的，是商业插画的生命。视觉张力在商业性的绘画创作中具有重要的意义。

商业插画的视觉感染力和视觉冲击力是直接与商品和消费紧紧相扣的，对于视觉张力其自身的视觉信息传达特点，并不只是简单的形式追求，而是有意味的形式。在商业性艺术设计领域，视觉冲击力作为一种打破常规的视觉力，商业插画的视觉张力正逐步以全新的视觉方式冲击着人们的眼球，它给人们带来一种全新的视觉感受和体验，即在视觉上带来的震撼力和享受感或压抑及恐慌感。也可以理解为突破日常生活中现有的、一成不变的视觉传达形式。一件商业插画作品中必须要包含几种表现力，比如捕捉观者视线、让观者惊异、留下深刻印象等。商业插画中视觉冲击力的表现是追求不断创新的，并具有不可重复性，这也决定了创造性与突破性是视觉张力的重要组成元素，从而达到吸引观者注意的表现力。所以，在商业插画设计中具有视觉张力是很重要的。由此看来，商业插画设计师在创作具有视觉张力的作品时必须要有一双洞察事物本质、善于发现特点的慧眼，以寻求最恰当的语言去表现自己对生活的发现和感受，并尽其所能地去表现一个主题，并传达给受众（图1-28、图1-29）。

（3）**商业插画设计中线条表现的重要性。**商业插画是用于商业中的插画，形象是商业插画的灵魂，商业插画形象的塑造以及表达方式主要以线条表现它在商业插画中的作用和独特性（图1-30）。

图1-28
学生杜亚男作业

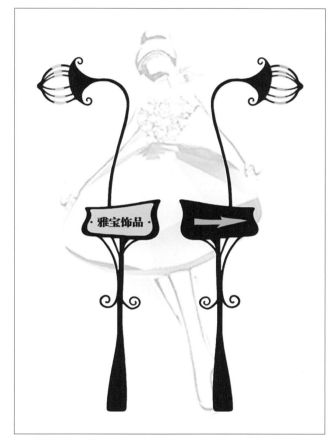

图1-29
学生杨丁 作业

图1-30

一幅插画，包括线条的塑造形象、形象之间的组织关系、色彩的增强效果和内容的紧凑合理。而首先提到的就是形象的塑造，线条作为基本的要素，成为决定形象立足画卷、深入人心的基础。线有好多种称谓：直线、曲线、折线、弧线、抛物线等，每一种变化都是一次发现和选择的过程。线有好多人造形态：象形文字、线圈、线框、粉笔线、墨线、绳、带、贝赛尔曲线、地球经纬线等，可以随着认识和想象的推广而化为抽象的线的形象。线也有好多种自然形态：大树年轮的线圈、老人脸上的皱纹、斑马纹的线

条、水滴成线、反射光线和缝隙线等，这些源于大自然原貌的或者是人化自然形态的线条肌理形成的人们视觉上感知的线元素成了插画塑造线型的主要来源和参照。

以漫画家丰子恺等为代表的老一辈画家们的时局政治漫画集幽默和用线的表现力于一身，将线的手法结合了当时的社会语境，产生了现代漫画的形式语言，也就生动而富有寓意地传达了中式的幽默和特有的社会责任。

依据多样的表达方式去引导线就能产生相对不一样的形，线条就可以达到多变、丰富的效果，这也正是线在商业插画中所表现出来的重要作用。

2. 商业插画的分类

（1）出版物插画。

1）书籍插画：是以书籍出版物为主体内容作图解的插画，可以用来补充文字表达的不足，大多出现在社会人文、科学技术和儿童读物类书籍中。可

分为:

社会人文类插画:要求具备良好的艺术修养和文学功底,才能用艺术形式美来表现思想的深度。

自然科普类插画:要求扎实的美术功底和理解能力,以及一定的专业知识,这样才能准确地描绘对象。

儿童读物类插画:要求拥有健康快乐的童趣和观察体验,用生动活泼、趣味性的艺术表现形式来启发儿童的心智。此类插画也是作者可以发挥创造力与想象力的空间,它们可以用任何手法去表现。但具象、写实的手法更适合这类插图,抽象或高度程式化的表现方法就不太适用于儿童读物。

漫画类插画:是用简单而夸张的手法来描绘生活或时事的图画,一般运用变形、比拟、象征的手法,来达到尖锐的讽刺效果。要求作者对社会有深刻的洞察力,手头上有生动夸张的表现能力。

科幻类插画:采用虚拟的表现手法,将违反逻辑与常理的事物并在一起,制造出新奇怪异的画面效果。作者要有极强的写实功底,才能刻画出幻想中的世界,给人以无限的遐思。

2)报刊插画:报纸插画可以活跃版面,使之图文并茂,增强趣味性和可读性。但此类插画受印刷技术的影响,用色会有一定限制。

杂志是以消费娱乐信息为目的,其绘画风格轻松愉快、线条简洁流畅、色彩时尚明快,绘画内容充满活力个性。

(2)**广告宣传插画**:主要用于海报、包装、企业宣传等媒介形式,具有生动醒目的特点。它运用绘画艺术的视觉语言传递商品广告信息,吸引消费者的注意,以促进商品销售为最终目的,具有强烈的消费意识。

(3)**卡通吉祥物插画**:卡通形象具有拟人的效果,在商业设计中多用卡通吉祥物来代表企业或政府的公益活动。

1)产品吉祥物。在此类设计中要了解产品并寻找卡通与产品的结合点。

2)企业吉祥物。在此类设计中要结合企业的CI规范为企业度身定制。

3)社会吉祥物。在此类设计中要分析社会活动

特点,适时迎合便于延展。

(4)**影视游戏插画**:是为影视、影视广告、游戏等拍摄、制作前所做的准备工作。包括分镜头画稿、人物角色设定、场景设计等。分镜头画稿是在剧本文案的基础上编绘而成的,要画出人物造型、表情变化、服饰特征、场景内容、色调的变化等。人物角色设定不但要求有扎实的美术绘画功底和电脑技术,还要能够对人格互换形神离合的情感流露进行深刻描述。场景设计要对独特视角的微观、宏观等进行综合归纳,要有角色和故事场景的独特观察力及丰富的想象力、创造力。

(5)**工业插画**:包括主题为各种自然历史、医学、机械、建筑和科学等,是个广阔的领域。不仅要求作者有高超的技术、准确地表达,还要求作者有相关的专业知识,因为大部分的工业插图都要求把细节画得十分精确,当然,画此类插画还需要极大的耐心。

3. 商业插画的创意思维方法

创意是人类智慧的体现,也是商业插画的灵魂,没有创意的设计让人觉得索然无味。出色成功的创意应该是通过巧妙的构思而让信息充分表现出来,让受众在审美享受过程中去发现、把握信息。我们都希望以全新的视点、独到的见解引发与众不同的突破常规的表现形式,希望拥有化平淡为神奇的创造力。这就需要我们在运用各种思维方法对事物进行由表及里的审视和剖析的过程中,不断发现事物全新的含义并赋之以新的表现形式和生命力。

(1)**发散思维**。发散思维是一种非常重要的创意思维方法。对于设计者来说,这也是一种十分有效的方法。发散思维又称扩散思维或辐射思维,是以思维的中心点向外辐射发散,向四面八方进行辐射状的积极思考和联想,产生多方向、多角度的捕捉创作灵感的触角,通过多渠道,求得多种不同的解决办法。发散思维是多向的、跳跃的、立体的和开放型的思维。这种思维形式不受常规思维定式的局限,能产生更多的创造性设想。我们如果把人的大脑比喻为一棵大树,人的思维、感受、想象等活动促使"树枝"衍生,"树枝"越多,与其他"树枝"接触的机会越多,从而产生的交叉点也就越多,并继续衍生新的"树

枝"，结成新的突触。如此循环往复或重叠，形成了一个网络，每一个突触都可以产生变化，新的想法也就层出不穷。

发散思维运用于商业插画中，围绕同一个主题，综合创作的主题、内容、对象等多方面的因素，从多角度、多侧面、多层次全面来表现。还可以向外发散吸收诸如艺术风格、民族习俗、社会潮流等一切可能借鉴吸收的要素，将其综合在视觉艺术思维中，从而导致一系列相关的创造性成果。因此，发散思维法作为推动视觉艺术思维向深度和广度发展的动力，是创造性思维的核心，是视觉艺术思维的重要形式之一。

（2）**逆向思维**。逆向思维又叫反向思维，是超越常规的思维方式之一。按照常规的创作思路，有时我们的作品会缺乏创造性，或是跟在别人的后面亦步亦趋。当你陷入思维的死角不能自拔时，不妨尝试一下逆向思维法，打破原有的思维定式，将思维的方向和逻辑顺序完全颠倒过来，反其道而行之。利用非推理因素来激发创造力，在反向思维中寻求新的方法，常常会进入"柳暗花明"的新境界。这样可以避免单一正向思维和单向认识的机械性，从常规中求异、求新、求奇，集中体现创造性思维的批判性和独特性。这种"反其道而行之"的思维方式能达到出奇制胜的效果。它已成为推动设计发展的有生力量。

逆向思维运用于商业插画中，是一种极端的创意思维。这样往往别开生面，独具一格，会产生出奇制胜和意想不到的效果。

（3）**求异思维**。求异思维是扬弃、摆脱求同思维的束缚而产生新创意的一种思维方法。求异思维不安于现状、不落于俗套、标新立异、独辟蹊径，具有较强的奇异性和独创性。当在商业插画中看到、听到、接触到某个事物的时候，启用求异思维才能不拘泥于一点或一条线索，不受已有的经验和规则的限制，才能扬弃陈旧的、普通的观念，让思维超越常规，找出与众不同的看法和思路，赋予其最新的性质和内涵，这样才能使商业插画作品从外在形式到内在意境都表现出作者独到的艺术见地。

任何商业插画作品，如果没有独特的个性特征，则容易流于平淡和俗套，摆脱一切别人的设计，追求

与众不同的独具卓识的求异思维品质，这是设计师们终身的追求。

（4）**突变思维**。突变是强调变化过程的间断或突然的转换，是规律性的突破，是逻辑推理的意外改变，具有非逻辑性的品质。新观点、新思想、新理论常常从突变中产生，现在突变思维在思维范式中越来越受到广泛的研究与关注。

突变创造如同启明星划破长夜的黑暗，闪亮却难以捕捉，所以我们要善于抓住偶然性因素，把握那些无意间取得的结果，使创新思维异军突起，通过思维的跳跃而获得新生。本来每个观者，在一部作品面前基于文化素养、审美情趣、伦理意识等因素的不同从而形成自己的期待视野，而突变的设计在于它超越着惯性的"期待视界"，突破思维定式，这种与"此在"的现实构成极不和谐的"错位"造成了审美心理张力，从而形成一种更为紧张的形式意味的刺激力，以陌生的意象而显示出特有的设计魅力。

（5）**重组思维**。重组思维是一种再创造的思维，它在事物不同层次上分解原来的构成，然后以新的构想把几种不同的事物或意象进行有目的的重新组合，突破原先的熟悉感，打破固有的内在结构或者外在形态，从而产生新形象的一种思维过程。

在商业插画中，这种重组是改变事物各组成部分之间的相互关系的重组。它以一种看起来不合逻辑的形式传达了合乎逻辑的寓意，通过巧妙的重组，将主观和客观、现实和幻想、真实和虚构化为一体，令人产生诧异之感，给人以奇特的视觉印象，使商业插画的主题深刻地潜入观者的心智。

创意的思维种类很多，其实每种思维方式并没有明确的界限，很多思维是交错的、复调的，并且有些思维无法定义。也许有些思维还没有开发。如果将丰盈的思维去狭隘地——对位，这样做会非常危险。我们应学会对多种思维方式的灵活运用和整合，并进一步对新思维进行深层次的挖掘。

4. 商业插画的画面风格

（1）**画面的逼真感**。采用不同构图方式，通过不同单色或者彩色深刻地描绘出客观事物形象，重点体现其审美艺术效果。这些绘画特点主要是生动形象，

具有很强的趣味性和真实性，工艺精湛，能够直接传递信息，便于人们理解。为了让画面更加完美、真实，人们一般都称商业插画为"逼真绘画"。由于商业插画的高度真实性，往往会给人一种摄影作品效果的错觉（图1-31）。

（2）**画面的幽默感**。商业插画形象基本采用卡通

图1-31

图1-32
学生董瑶琪设计作品

动漫形式，表现手段比较夸张，从而达到突出主题的效果，从专业角度说，这是一种漫画表现手法。由于这类插画题材轻松愉快、幽默风趣，对孩子很有吸引力，甚至很多成年人也十分喜欢（图1-32）。

（3）**画面的现代感**。综合运用现代艺术表现手法，包括抽象派、印象派、点彩派等，并且融入电脑制作效果和数码摄影技术，通过营造特殊氛围来进行产品推销宣传。强调观众的奇幻视觉感受，激发人们的想象力，有些时候商业插画还会用网游形式来展示（图1-33）。

5. 商业插画的设计准则

设计原则的运用是至关重要的。目前存在着一种现象，许多插画设计的作品在创作时心里没有很好地去把握商品设计的属性，而是一味地去张扬它的外表，最终给观者产生一种外表鲜艳而内容空洞的感觉。所以我们在设计时，必须使内在美和外在美有效统一，这样才能达到设计成功之妙处。商业插画必须具有鲜明的设计主题，并且予以单纯化的处理，使其鲜明突出。无论采用何种媒介、何种表现手法，都应遵守一定的设计准则。分别有以下几类：

（1）**主题明确**：要求设计者要掌握单纯化的手段就需要在观察事物的本质的基础上进行匠心独运的组织。把不必要的因素都过滤掉，以达到单纯、鲜明的要求。使设计主题，即应该传递的特定信息十分明确，并使其紧紧围绕主题。

（2）**创意独特**：创意在商业插画中起着灵魂的作用。在激烈的商战之中推销商品，要吸引消费者的注意力，同时使其欣然接受商业插画所传达的信息，非要很好的创意不可。创意使商业插画表现出设计师独特的主张、独特的视角、独特的阐释、独特的艺术手法，使插图产生吸引力，使观众产生兴趣，从而达到传递信息的最终目的。

（3）**注重功能**：自从包豪斯设计学院开设以来，设计史上进行了一次大的改革：功能摆在第一位，这是商品设计不变的真理。这要求设计者在设计过程中首先要想到的就是设计的目的，其次要求设计者根据商品的不同设计出别致、独特，或富有个性，或富现代感的作品来。

（4）**真实可信**：这是设计的基本要求，商业插画的创意应当诚实。欲说服受众接受所提供的商品或服务，就要基于受众的利益，诚实地向他们说话，才能得到他们的信任。所以要求我们开始设计插画时，应花足够多的时间和精力去搜集各种有关的信息资料，了解分析消费对象心理状态的共同特征，制定详尽的设计策略，这样设计出来的作品才能体现商品的重要信息和商品特征，产生正确的引导作用，被消费者感染。

（5）**感染共鸣**：一幅商品推销的广告插画，它的创意新颖，就能吸引受众的兴趣。创意立足于真实，就能赢得受众的信任。仅仅做到这些还不完善，还需要有足够的感染力来促使人们采取行动。人们是否有所行动，取决于作品经过艺术处理后所具有的感染力量。

（6）**图文一致**：商业插画的图形与文字各司其职，前者立足于感情的诱导，引起受众的兴趣、共鸣；后者立足于理性的说服。文字的补充，有助于对受众的思维做出引导，同时也阐述了设计者的意图。所以图文应该有机地配合，做到相得益彰。不能各行其是，相互割裂，使观众难以理解。要使观众见图懂文，见文知图。

6. 商业插画的审美特征

商业插画已成为一门十分成熟的应用艺术，形式多种多样，可由传播媒体分类，亦可由功能分类。然而在1865—1965年这一百年，商业插画的主要形式是以印刷品为主——杂志、书籍、海报和广告……始终是公众交流与艺术传播的最重要的载体，插画家也就成了这个时代的文化英雄，时尚的开拓者与评判者。

商业插画按媒体形式分类可分为两大部分，即印刷媒体与影视媒体。印刷媒体包括招贴广告插画、报纸插画、杂志插画、产品包装插画、企业形象宣传品插画等。影视媒体包括电影、电视、计算机显示屏等。商业插画的审美特征大致有以下几种：

（1）**实用性**。商业插画的首要特性就是实用性很强，它与艺术插画不同的是，它具有很强的商业实用价值。商业插画要求它自身不论是创意上还是表现手法上，都要讲究实效，为商家起到宣传作用和让大家接受。总而言之就是必须通俗易懂，让不同的消费群体一目了然。

（2）**目的性**。商业插画是为商家服务的。存在的必要性就是它为某种商业目的而产生并服务的。商业

图1-33

插画的目的性很强，不是单纯表现设计者的个性和心情，而是为某一个具体的事情服务的。所以，它有十分明确的目的性，与此同时，它也受着这些目的性的制约，要求清晰的诉求主题。

（3）**直接性**。在人们寻找信息和使用信息的实践活动中，它要求视觉设计者的设计活动必须自觉地掌握和遵从。在对产品特征做表述时，外在的一些特征容易描绘，对内在的概念作形象化的说明，也就是图解。商业插画要求将图形和文字的关系处理妥当。只有这样才能让人很轻松的理解并信服，最终可以加深人们对这个效果的印象。

（4）**审美性**。在对生活要求愈来愈高的今天，人们的要求不仅仅停留在物质层面，更到了精神层面，从而要求商业插画如果要提高自身竞争力，除了必须有清晰的内容表述以外，还需要增加其美感。美更符合现代人们的审美心理和感情需要，能吸引人们的眼球，让人加深记忆的同时还能接受商家所宣传的信息。

7. 商业插画的作用

21世纪是读图时代，是信息传达飞速发展的时代，插画所透露的领域正不断发展，只要存在信息交流，插画就有用武之地。商业插画作为一种有强烈表现力的艺术形式。

商业插画本身就具有商业价值和商业意义，它在商业活动中用直观的视觉形象来达成传递信息、宣传商品、推广商业活动、塑造企业形象等意图的手段。它能将所承载的内容简明扼要、生动活泼地传达给人们，是一种图像化视觉传达形式。人们在日常生活中很容易了解到，商业插画的服务对象首先是商品。它把所承载的信息清晰、准确地传达给观众后，希望人们接受和把握这些信息，并在观众采取行动的同时使他们得到美的感受，因此说它是为商业活动服务的。

商业插画的功能性非常强，偏离视觉传达目的的纯艺术往往使商业插画的功能性减弱。商业插画必须立足于鲜明、单纯、准确。广义上讲，商业插画包含的是一切与商品、商业活动、社会活动的宣传有关，以大众为对象，以视觉传达为主要形式的图形设计。

8. 商业插画的表现手法

由于商业插画实用性的特征，故而常常需要忠实地表现客观的事物。商业插画的表现风格有写实、抽象、卡通等；它的表现技法有手绘、精绘、肌理效果处理、喷绘等。

（1）**写实手法**。在商业插画的表现手法中，写实手法主要有两种手段：绘画和摄影。写实手法融入了超现实主义和照相现实主义的手法，借助摄影、写真喷绘、电脑等手段，能够取得十分"真实"的视觉效果，为视觉传达开拓了一个崭新的空间。摄影的手法快捷逼真，是写实手法最佳手法之一。当今的摄影技术非常先进，影像越来越细，色彩还原越来越好（图1-34）。

（2）**抽象手法**。而抽象的表现手法则会大量使用抽象观念性主题，受现代一些艺术流派的影响，设计师们拥有了广阔的空间。它可以充分发挥人们的想象力，用抽象的想象来描述某些思想、概念，并表述思想意识中的概念及朦胧的情绪（图1-35）。

（3）**幽默手法**。幽默的手法表现为滑稽、诙谐、讽刺、漫不经心、随意。它滑稽有趣和戏剧性色彩常常能够引起人们的极大兴趣。这种手法简单、概括，很容易抓住事物的要点特征，让人一目了然，常运用在产品介绍、说明书、儿童读物当中（图1-36）。

（4）**综合手法**。综合的表现手法也就是将上述的各

图1-34

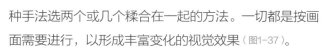

图1-35
抽象

图1-36

种手法选两个或几个糅合在一起的方法。一切都是按画面需要进行，以形成丰富变化的视觉效果（图1-37）。

9. 商业插画设计的发展方向

随着时代发展，插画艺术已经深入我们的生活，在日常生活中扮演着重要的角色；插画的表现形式在一定程度上影响着风格的呈现与变化。目前，随着数码技术的不断发展，各种电脑手绘版绘制的插画形式推陈出新、百花齐放，呈现出插画的繁荣景象。对于插图的艺术行业与发展领域的研究也是势在必行（图1-38）。

（1）强化插画与本土文化融合、突出民族精神内涵的表现。我国插画艺术起步较晚。唐朝时期的绘画艺术，已对日本的绘画风格产生过影响，后来逐渐被日本绘画所借鉴引用而形成了日本的绘画风格，江户时期盛行的绘画"浮世绘"风格，就深受我国唐朝画风的影响。可见世界的绘画风格的形成在一定程度上是互相影响、学习借鉴的过程。反之，今天日本的插画艺术风格，也反作用于我国的插画艺术，使插画艺

图1-37
具象与抽象混合风格

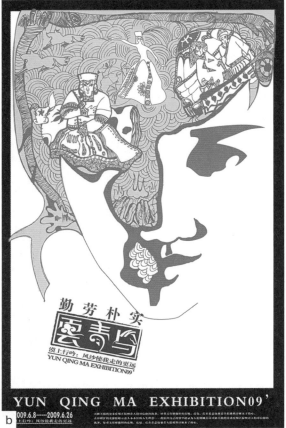

图1-38
学生张莎作业

术在某种程度受到了一些技法的影响。"民族的就是世界的",这句话证实了民族插画风格是不可或缺的精神力量。在插画设计中,我们更应注重本土化民族语言的表现,加强民族化精神的融入与应用创新,使优秀的民族插画作品,带着民族设计理念去推动世界文化的发展,去传播中国文化与民族精神,使民族产业的插画设计越做越好。

(2)加强插画人才队伍建设、加强插画表现力的提高。今天的插画队伍建设,是插画事业发展的一个关键所在。在其他国家,插画行业深受敬重与支持,设计行业已成规范的体系。我国插画设计正处于发展阶段,有一些插画设计师由于受到一些外域文化的影响,插画作品有一定的文化倾向,使受众无法产生本土化的亲和力,设计的本土化语言必须与市场目标接轨,才能被更多人认可。有些设计师完成插画设计任务,即使认真完成也会被委托商找出问题,进行反复修改拖延大量时间,使设计效率降低、使设计积极性受到挫伤与挑战。所以,国内商业客户的群体层结构不同,对插画的质量要求也存在许多问题。再有,有一些设计师感受不到设计前途就逐渐转行,使插画行业曾一度出现冷淡的局面,使插画产业发展受到很大程度的影响。所以,这些现状都要求国家政策的支持与管理者的决策,大力加强艺术市场规范管理,规范行业标准,给予设计人员待遇的统筹保护、加强监管执行力度,加强插画设计队伍建设,努力形成一个庞大的插画设计师队伍的全新格局,使插画事业蒸蒸日上、后继有人。

(3)关注社会认知及政策支持、强化设计文化传播力度。目前,作为消费者的受众群体,喜爱插画就是因为插画内容与题材接近大众生活,让人产生亲近感与本土化的亲和力。所以,插画应始终保持与受众的沟通、保持与时代的同步,以设计反映时代的主题思想、迎合大众的审美需求与精神内涵需求,与当代受众的消费观念、时代节奏、价值观观念的需求完美的结合,插画技术与技法的演变应与时代紧密相连。今天,数字时代的表现形式与技术密不可分,数字技术改变了商业文化传播的方式,它代表了时代的艺术风格与特色。当然,插画在发展过程,需要加强社会的认知与政策支持，为插画艺术创作提供良好的创作环境与政策支撑，才能更好地调动插画设计师的创作积极性，使艺术服务领域的功能得到更宽泛的拓展与延伸，推动社会经济发展与社会的进步。同时，也应该加强设计文化的传播力度，大力拓展各种媒体的宣传渠道，为民族文化事业做出贡献。

插画设计的形式设计

视觉设计艺术在积极地影响着人们的精神领域，并且常常引发出人们对事物的不同看法。它以直观的方式直接地将意境表述给观者，深入到了几乎所有媒体的角落，尤其在电视、网络媒体发达的新媒体时代，传递给人们一个信息：信息传达正在图像化。插画艺术在这庞大的视觉传达体系中，占据着重要的地位，悄悄地渗透到每一个角落。

社会发展到今天，插画被广泛地用于社会的各个领域。插画艺术不仅扩展了我们的视野，丰富了我们的头脑，给我们以无限的想象空间，更开阔了我们的心智。随着艺术的日益商品化和新的绘画材料及工具的出现，插画艺术进入商业化时代。插画在商品经济时代，对经济的发展起到巨大的推动作用。插画的概念已远远超出了传统规定的范畴。纵观当今插画界画家们不再局限于某一风格，他们常打破以往单一使用一种材料的方式，为达到预想效果，广泛地运用各种手段，使插画艺术的发展获得了更为广阔的空间和无限的可能。在我国，插画经过新中国成立后黑板报、版画、宣传画格式的发展，以及20世纪80年代后对国际流行风格的借鉴，90年代中后期随着电脑技术的普及，更多使用电脑进行插画设计的新锐作者涌现。

插画的形式是多种多样的，它从图形入手，让图形说话，用造型传达信息，以强烈的视觉冲击力打动观众的心，让观众在审美的过程中接收和处理所传递的信息。它的信息量辐射的范围也非常广泛，甚至可以说是包罗万象的。能够用来绘制插画的形式有很多种，不同的工具所绘制出来的插画风格和特点具有很大的差别。

目前市场上的插画琳琅满目，但是从所使用的工具和绘制方法来划分，一般可分为传统手绘插画、综合手法插画和数码技术插画三大类。本节将对这三类插画进行介绍，目的是让读者了解其特性、绘制方法和所呈现的风格特点。读者在进行插画创作时能够根据自己设定的主题，选择相宜的制作方法和工具，创作出优秀的插画作品。

1. 插画的设计定位

所谓插画设计定位是对设计中所需要各种条件的选择。具体而言，插画的设计构想是在确定装饰主题的基础之上，对形式和色彩进行筛选、取舍、剪辑、再加工的设计的基本内容。

（1）**主题环境对插画题材的选择**。主题环境对插画题材的选择有很重要的影响，例如街角咖啡厅、酒吧、图书馆对插画选择是不同的。咖啡厅是让人休闲，交流的地方，一般采用色彩温馨有特色的主题插画，插画内容可以抽象，可以具体。酒吧是一个充满激情、神秘的娱乐场所，这样的环境可以采用浪漫前卫一些的插画，设计题材则选择相对前卫、抽象、现代感十足的元素，使人们的视觉和心理感知达到共鸣。图书馆有着浓厚的文化气氛，一般采用与文化有关的素材，如中国的吉祥图案、水墨工笔、篆刻等。

（2）**文化习惯对插画题材的选择**。文化差异、民俗习惯的不同，人们对于插画的偏爱也不同，我国传统装饰和民间装饰设计的素材也大多以花卉、人物、动物、山水等自然物象为主。在古罗马，人们把各种植物、动物和水生物集中装饰在室内，反映出人们对自然物象的极大兴趣。

2. 插画的色彩运用

（1）**插画的色相和谐运用**。插画的色相和谐是基于视觉心理的潜意识和谐，在色彩明度、彩度得到控制的前提之下，通过控制插画色彩之间的面积比，从而达到色彩之间的和谐之美。人物插画造型夸张，五官画得简洁概括又不失精致，色彩方面主体和背景可以形成强烈对比，或者选用类似色。例如，画面中表现的是基本色黄色，画面一半是亮黄色，一半是暗赭石，再饰以一些对比色做点缀，画面便形成极为缤纷富丽而又美轮美奂的效果。

（2）插画的明度、彩度运用。明度是指色彩的深浅、明暗，彩度是指色彩的鲜艳程度，彩度取决于该色中含色相的成分和消色成分(灰色)的比例。含色相的成分越大，饱和度越大；消色成分越大，饱和度越小。

一、传统手绘插画

1. 传统手绘插画概述

传统的手绘插画是指完全不借助于数码工具，仅凭借着笔和纸或其他平面媒介进行创作的插画，是插画表现手法中最原始的一种。手绘插画是插画家们精心所绘，是一种独创性的艺术。纯朴的画面自然流露出创作者的真情实感，体现了作者的绘画基本功，任何语言的描绘都无法企及这种生动带给人的视觉冲击力。

手绘是使用范围最广，也是大众接触最多的创作形式。在发明绘图软件之前，插画设计都是以手绘为主，手绘表现形式能带给画面更好的笔触感，带有极天然的艺术气质，展现的形象也更加形神兼备，能带给观者更为出色的视觉感受。手绘插画不仅具有表层的形象美，它的美体现在肌理、材质、色彩、图形、线条等各种组成画面元素的形式美，而且还具有意境美，也就是隐含意义，手绘是最能体现人性情感的创作方式，其作用和意义着重于人类的精神层面。

手绘插画简单说来是一种用手工绘制的插画。古代智慧的中国人在洞穴内、岩石上、纸张、绢帛上绘制最古老的插画。直到印刷术的繁荣，带动了书籍的广泛流传，也使得手绘插画得以发展。渐渐地，随着木刻雕版技术的不断革新，手绘插画也被大量传播，在15世纪，我国的手绘插画经历了最为辉煌的历史时期。

传统手绘插画主要包括：素描、速写、蜡笔画、彩色铅笔画、油画、水彩画、工笔画、水粉画等。虽然这些手绘插画画种所使用的工具不同，创作出的插画风格各异，但用这些传统绘画方式所绘制出的插画，都具有能够直接、自然地展现插画设计师最真实的艺术感受的特点。即便是在数码图形、图像技术高度发达的今天，运用这些传统绘画方式进行插画创作，仍然是插画创作的重要手段。手绘插画结合了绘画和设计，在信息传达中起着不可替代的作用，它是一种有情感、有生命的表现形式。

运用手绘的艺术形式将插画设计主题的传达予以视觉化造型，是一种直观形象的视觉语言，具有自由表现的个性。手绘插画多少带有作者主观意识，有很大的创造余地，无论是幻想的、夸张的、幽默的手法，都能自由利用设计主题创造一种理想的意境与气氛，作为一个手绘插画师必须对主题事物有较深刻的理解，才能创作出优秀的插画作品，表达不同的审美情趣。

传统手绘插画作品具有极高的艺术表现力和艺术价值，在画面表现上也显得更为自然，观者能从画面的笔触和线条中感受到设计者的思想，并从中揣摩画面的含义对画面产生极为强烈的印象；同时，手绘的表现形式能带给画面更多的个性和特点，更容易区分于其他作品；此外，手绘作品还能提升设计者的知名度。

（1）**商业性**。在我们的日常生活中，商业插画的身影随处可见，小到CD的封面包装，书籍、杂志的封面，商场的招贴、宣传册、影视作品以及游戏中精美的画面；大到企业形象、社会工程宣传的吉祥物。现代商业插画的迅猛发展表明，手绘插画的创作与商业范畴息息相关。在商业范畴内，手绘插画可以作为一套商业推广体系的视觉延展部分，更多地体现的是商业核心价值（图1-39）。

（2）**艺术性**。手绘插画除了具有商业性之外，它还是视觉艺术的一个分支，具有独特的艺术性，我们平时看到的手绘插画作品，它们本身就可以作为独立的艺术品，具有很高的审美品位。由于插画设计人员具有自身强烈的审美取向，他们对商业文化有独到

图1-39

图1-40

的理解以及个人的艺术风格，加之画面语言的把握和形式美的凝集构成了一幅幅插画作品。全面反映了他们的个性和风格，具有很高的艺术收藏价值。现代社会，插画创作中的商业取向和创作个体的双向选择，给插画设计师们更广阔的天地，从纷繁多样的风格走出，创作出风格独特的作品来（图1-40）。

2. 传统手绘插画的价值体现

（1）**手绘插画流露出的人文关怀和温情是人类文明价值的高度体现**。手绘插画是由插画师们手工创作而成，带有强烈的个人情感，对大众的审美有很强的引导性。手绘插画的创作需要许多的时间，笔触与颜料的结合，插画师对作品的把控，都是速食社会最缺少的东西。因此，手绘插画饱含自然与原始的意味，在传递信息的同时读者能够感受到创作者的激情热度。归根结底，人们将会更加乐意接受这种原生态的创作方式。手绘插画作为最原始也是感染力最强的插画创作手段，有着极强的亲和力。它不仅给人视觉上的美感，更能让人在质感可触的绘画媒介上重拾单纯

和美好，找到平衡与寄托，缓解失落与冷漠。

（2）**手绘插画是所有其他形式插画的审美基础**。插画艺术的创作亦是艺术的创作，都需要从构思到构图到表现，都需要插画师的绘画专业技能和创造力。数码插画确实拉近了普通人与艺术之间的距离，但要想成为一个优秀的插画师，仍然需要极其深厚的手绘插画功底。另外，由于数码软件的简便易于操作，让不少人走入一个认知的误区：数码插画就是简单的复制粘贴和涂鸦。殊不知那些粗制滥造的插画作品非但不能流传于世，反而是现代社会信息的垃圾，作为手绘插画，在某种程度上，是对这种粗糙作品无声的抵制。

（3）**手绘插画的创作最重要的就是扎实的手绘基本功**。在培养手绘能力的过程中，受训者需要加强自身描摹能力，不停地观察和思考，收集、分类和处理各种素材，并结合自身条件形成自己的创作风格，然后选择合适的表现手段和画材、媒介进行创作。

（4）**手绘插画由于受环境的影响，创作过程存在**

一定的偶然性。创作者自身在长期积累感悟后也会产生一些偶发性质的效果以及创作方式，这就衍生出一些新的手绘风格，例如涂鸦和水彩晕染等。

（5）**时代要求传统文化在特定的情况下流传下来，社会的发展和交流也产生了一些时尚的文化和艺术**。手绘插画长久以来作为表达愿望、倾诉情感的一种表达方式，具有独特的制作性、技术和媒介的丰富性。这就要求我们既要积极地研究传统技法的丰厚积淀，又要向国外优秀插画家学习，不断加强自身艺术修养，深入研究各新型画材和媒介，运用新的材料、技法和语言进行创作，促进绘画技法与文化的传承和发展。

3. 传统手绘插画艺术的特点和功能

传统插画艺术指的是使用传统的二维平面材质和创作工具，如笔及纸张或传统意义上的表现材料和技术语言进行创作的插画。传统插画艺术作为诸多插画形式中表现手法最原始的一种，它首先需要插画艺术家具有扎实的绘画基本功底和手绘能力。传统插画艺术因为其源起于传统绘画艺术，故而其画面艺术表现力取决于插画艺术家的个人能力和艺术语言风格。插画家通过艺术构思和大量的信息选取而完成前期的创作素材的初步积累，并结合自身艺术表现语言从而形成自己的创作风格。自身绘画功底和手绘能力较强的传统插画艺术家在对插画创作题材的艺术把握能力、处理能力以及适应能力方面具备较强的优势。传统插画艺术，艺术家个人风格特点明显，艺术表现力和感染力强，较为容易取得观者的认同。

传统插画的不足之处有：

（1）**作品不易修改，一旦出现失误，就有可能导致整幅作品报废**。传统插画作品由于其创作材料和语言技法的制约，画面效果不易进行反复修改。所以在其创作过程中，插画艺术家们必须事先进行充分的前期准备工作，对于艺术创作构思、作品的基本构图以及最终画面效果的呈现做好完整而周密的策划工作，避免出现不必要的失误以确保进行高效率的插画艺术创作活动。

（2）**在创作材料和创作过程中，容易受到外在环境和人为因素的影响**。传统插画的艺术表现介质和画材容易受到周围环境和人为因素的影响，室内光线强弱，空气湿度大小等因素会对艺术表现介质和材料造成不同程度的影响和变化。比如室内光线的冷暖强弱变化太大的话，会容易使得艺术家在色彩效果的表现上因为视觉上的变化差异而导致前后不一，从而破坏整体画面效果的统一性。而外在周围环境湿度的变化起伏太大，会使得绘画材质在表现过程中由于干燥时间和程度的不一致和技术上的把握出现偏差，而造成不必要的失误，给插画艺术创作带来时间和成本上的损失。而且在插画创作过程中还存在着其他的一些偶然因素，比如突然出现的线条的失误运用，以及在使用颜料时水渍的溅射和污染等一些突发性情况，这些都会对作品最后形成的画面效果产生很大的影响。这就要求传统插画家应具备一定的创作控制能力，能够及时把握和处理突发事件，避免或利用外在环境因素和技术处理手段对插画材料介质进行控制与处理，使插画创作达到满意的艺术表现效果。

4. 传统手绘插画的形象特征

（1）**直接性和自由性**。在手绘插画的形象创作中，创作者感悟生活，形成自己独到的思想认知和情感态度。创作者分析和凝练生活元素，结合自身积累的创作经验，完成对创作形象的基本定位，在脑海中形成信息储存。这种大脑中形成的形象信息直接通过创作者的手从多种感受去树立形象，赋予其鲜活的生命力，借助工具描绘于载体之上，直接付诸欣赏者的视觉感官。

思维是自由无边的，创意也是不受约束的，创作者可以将心中所想到的一切都画出来，形成独创的形象表现于载体上，创作环节单纯，这就使得创作者在进行艺术创作时不用过多考虑其他外在条件的限制（图1-41）。

（2）**随意性和偶然性**。创作者将脑海中的形象用手绘制于载体上，往往绘制出的结果和脑海中的形象有偏差，也就是思维想象和实践结果的差异性，而这种无法料想到的差异性也往往能带给人耳目一新的感觉。又或者在创作者进行绘制时，一开始在脑海中并没有特别明确和固定的形象样貌，只是用手在载体上按照当时的心境和思想来随意的描画，就形成一个符

图1-41

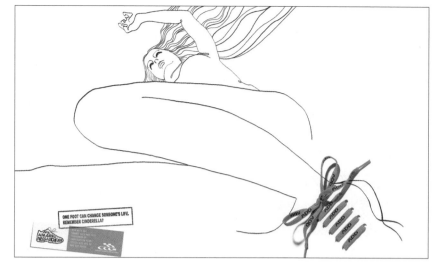

图1-42

合心意、令人称奇的形象，这些往往都是偶然间的，是无法预料的，是意想不到的（图1-42）。

（3）**情感性和亲和性**。手绘插画的形象创作表达过程是设计思维由大脑向手的直接延伸，并最终艺术化的过程，是创作者最饱含情感的悉心创作，是最贴近灵魂的真切释放，是受众感应创作者的设计思想最便利有效的方法和手段。情感是进行手绘插画创作的内驱力，贯穿于思维和创作的全过程，并熔铸于形象中。手绘插画的形象是创作者表达思想情感的工具和载体，创作者对世界的观察和把握、表现生活的能力决定插画作品的思想性。它把创作者专业深厚的绘画表现功底、丰富新颖的创作灵感和浓浓的思想情感融合在一起，以最简单的绘画形式表现在载体上，无须辅助设施和专门阐释，让观赏者只需静静地站在画面前，就能与创作者产生情感的共鸣（图1-43）。

5. 手绘插画的常用工具

手绘插画要求具有一定的手绘表现能力，通过手绘的形式表达插画的细节感与渐变感，从而让插画层次更丰富、更完美。在手绘插画中不同的绘制工具会产生不同的画面效果，不同的技法表现出来的画面也是各有千秋。在插画设计时，根据不同的插画风格要求，将不同的工具与技法结合，能塑造各具特色的插画形式。

准备插画的常用工具是绘制插画的前提条件。首先要了解绘制工具的特性，以及各种工具与不同材料

图1-43

结合产生的画面效果，这样才能更好地运用工具来达到想要的画面效果。

（1）**原稿纸**。原稿纸具有一定的厚度，能够经得起画笔的反复涂抹与渲染，经久耐用。在实际的绘图过程中，可根据不同的颜料与手绘技法，选择薄厚不一、构成不同的纸张。常用的两种原稿纸，即普通的原稿纸与带格状的原稿纸，其具有强效的吸水性，适合于表现插画中的各种技法。

（2）**铅笔、橡皮擦、尺子**。为了塑造基本形状与纠正基本形状错误，我们常常会借助工具来完成插画

的绘制。我们常用铅笔、钢笔、橡皮擦和尺子等。

采用铅笔工具，可以深入刻画对象，不仅能刻画出物象的空间感、体量感，还能很好地刻画出物象的质感和量感，能创造出具有写实主义色彩的语言符号，满足受众纯粹与力度的审美诉求；尺子能规范制作中的比例尺度，让插画在规范的范围内引申出无限的想象空间；橡皮擦能够把我们设计中不需要的线条涂掉，从而正确地表达插画内容。

（3）专业用笔。根据所选颜料与插画风格的不同，应准备不同的工具进行描绘。如水溶性彩铅具有水溶特性，描绘出的色彩清透、有透气感、具有渐变效果，主要用于制作具有晕染效果的插画；油画笔主要用于油画颜料的涂抹与绘制，运用笔刷制作粗细变化明显的色彩排列纹路；用于水粉上色的排笔，这种排笔能够借助笔触制作出生动形象的插画效果。

（4）颜料。颜料是描绘插画表象的工具，用于绘画的颜料主要有水粉、油画、水墨和丙烯等。采用水墨、水彩、水粉等水性材料进行创作，能够表现出极具民族艺术魅力的效果，同时能勾勒出一种干湿结合、自然流畅、通透绚丽、水汽氤氲的艺术风格。很多艺术家把油画和丙烯画的手法应用在插画创作中，这种形式画面色彩浓烈、色调分明，并且具有坚固耐磨、耐水、抗腐蚀、抗氧化的优点，故而被广泛地应用于插画创作中，表现出艺术家对丰富色彩表现力的追求。

（5）网纸。在整幅插画的局部通过网纸，运用刮网技术、重叠角度等方式使其产生具有特殊效果的花纹网点图案。网纸能在插画中丰富画面的层次与内容，同时对原稿画的完整起到保护作用。

6. 手绘工具的分类

插画通过线条、色彩等元素表现其风格，不同手绘技法表现出来的插画风格也不同。譬如彩铅表现粗细均匀；水墨插画表现轻巧干净；水彩插画表现轻盈通透；油画插画表现典雅大气；丙烯插画沉郁富有品位等。不同的手绘材料以及不同的技法使用会带来不同的画面识别特性。

（1）铅笔插画。铅笔是最常见的绘画工具，价格便宜且线条变化丰富。根据铅芯软硬的不同，设计师可以自主选择从8H到8B不同的画笔。不同的软度绘制出曲线的粗细、轻重、深浅、虚实程度都各不相同。以铅笔工具为主要表现手法的插画作品，一般是以素描的明暗关系来塑造画面的层次感和空间感。

铅笔无论在插画创作中还是在日常的生活工作中，都是最为常见的绘画记录工具，它使用起来异常方便，而且价格非常低廉。薪土和石墨混合制作成为铅笔的笔芯，而薪土的含量多少是决定笔芯软硬程度的影响因素。一般铅笔的颜色为黑色，根据我们绘制插画的需求，比如轻重、直曲程度、软硬、粗细、虚虚实实、急缓等线条的变化，我们可以选择不同软硬深浅笔芯的铅笔，从而达到我们希望出现的画面表现力和丰富的视觉效果。一般我们不会选择比较光滑的纸面进行创作，原因是铅笔的笔迹会不容易存留。由于铅笔绘画的痕迹是可以通过橡皮进行擦拭的，而且痕迹非常容易被蹭掉，这样我们可以对插画进行适当的调整和修改，具有极高的自由度。直到插画绘制完成，我们还可以通过运用定画液等材料对铅笔画进行画面固定。

（2）彩色铅笔插画。彩色铅笔的笔芯大多是由蜡、合成树脂和颜料等材料混合制成的，笔杆和普通黑色铅笔一样，多数采用木制材料。彩色的铅笔，其颜色也都是非常丰富的，市场上卖的一般有24色一套的、12色一套、甚至还有为更为专业的人士准备的更多色一套的，提供给有不同需求和用途的插画家们。

彩色铅笔主要的特征是：易掌握、可擦拭、笔触粗细均匀、色调明度变化丰富，线条随意自由，很适合表现结构复杂、变化多端的物体。初学者比较容易掌握彩铅的绘画技巧和规律，并可通过将不同颜色的彩铅叠加使用，创造出极富变化的色彩层次。彩铅可分为普通彩铅和水溶性彩铅两种，相比较而言，水溶性彩铅笔芯更软，更容易上色，且可与水融合，制造出与水粉相近的上色效果。水溶性彩色铅笔除了具有一般彩色铅笔的丰富色彩表现力外，还可以根据其笔芯溶于水的特性进行更加广泛的创作，比如说，可以运用毛笔附着清水，在使用过水溶性彩色铅笔的线条或画面上进行晕染，可以分染到线条的饱和度，同时更增加画面的柔和度，使事物更加自然，色彩的渐变更加丰富，通过这样的特性，水溶性彩色铅笔被更加宽泛地应用在了现代插画的创作中。

（3）钢笔插画。钢笔绘画是平面设计类专业使用最为频繁的绘画方式。在众多的传统手绘工具中，钢笔以其力度感强、画面黑白分明，线条清晰等特点受到很多插画师的喜爱和推崇。特别是近年来，由于钢笔素描突出的力度感恰恰是彰显当代年轻人的个性，因而被广泛用于潮流时尚杂志和各类绘本。钢笔绘画具有强烈的视觉冲击力和感染力，钢笔的笔尖多种多样，有粗细之分，绘画者可根据自身的绘画习惯和创作要求，选择不同粗细规格的钢笔来表现画面。不仅如此，运笔角度和力度的不同，即使使用同一支钢笔，亦能变幻出截然不同的线条轨迹。

（4）马克笔插画。马克笔是相对于丙烯、水彩类颜料更为方便、快捷的绘画工具，其主要分为水性马克笔和油性马克笔两种。水性马克笔色彩透明、易干，覆盖性差；油性马克笔色彩饱和度高、防水，覆盖性相对较强。使用马克笔进行创作时方便携带，随拿随画，不需要调色，主要应用于插画设计、环艺设计、建筑设计等领域。

由于马克笔的覆盖性比较差，所以在使用马克笔时，要注意上色的顺序，先上浅色再覆盖深色，等颜色干透后再上新的颜色，注意留白与颜色之间的过渡。马克笔插画的线条多为排线，应注意线条的方向感与疏密感，通过线条的变化制造出画面的层次感和空间感。

（5）水粉插画。水粉是最为常见的绘画颜料，适用于表现质感对比强烈的绘画方式。由于粉质的特点，其色彩覆盖能力强，易着色，可反复涂抹、修改。区别于水彩颜料的单薄性，根据水粉颜料与水结合的不同程度，也可打造出不同的绘画效果。当颜料被稀释过多时，就会形成如水彩颜料般的轻薄感觉。相反，过少时，则可形成干裂的笔触，创造出一定的体积感和厚重感。

使用水粉颜料时需要注意色彩明度和纯度的对比变化，利用色彩的不同搭配与调和，制作出丰富多彩的画面效果。水粉颜料的优点在于其色彩非常丰富、色彩饱和度高，原因是水粉颜料在制作过程中，颜料与防干剂、胶的结合非常细密，颜料黏稠度高，这样造成大部分的色彩不透明，在绘画的时候色彩的覆盖性很强。其缺点是由于颜料黏稠度偏高且厚重，使得其容易变色和脱落，加之在绘画技巧上的覆盖叠加色彩，会使颜料过于厚实，更容易产生裂纹或脱落的情况，这样的情况我们可以通过调制水分、颜料和胶质的比例来进行修改设置，保证水粉颜料在不同水分结合的状况下的变色程度，饱和干湿程度，从而避免变色、干裂和脱落的情况，达到插画绘制的预想效果。

（6）水彩插画。水彩画是用水调和透明颜料所绘制的画作，由于色彩透明，一层颜色覆盖另一层可以产生特殊的效果。水彩类插画的特点在于形象生动、色彩富有变化。水彩插画本身具有十分迷人的魅力，在描绘清新风格的系列插画时，水彩运用较多，它的清爽自然，浓淡相宜，都具备潇洒风雅的格调。水彩画颜色的透明性，重色彩技法，干湿技法运用，使画面显得水乳交融，带着令人陶醉的特殊风韵，似乎可使观众感受到爽朗的清风，尤其是在刻画轻薄面料或浪漫氛围的绘画作品中，能够很好地将飘逸、柔软的感觉描绘出来。

水彩画面中水的渗化作用，流动的性质，以及随机变化的笔触，让人感觉得到那种淡淡的光波的流动，忽隐忽现，这种意境是其他材料难以表现的。但是水彩插画不适合制作大幅作品，因为水彩颜料在绘画过程中调和或覆盖过多会使色彩肮脏，水干燥的快，所以水彩一般适合制作风景等清新明快的小幅画作，不宜反复涂抹，否则极易弄脏画面破坏画面效果。

干湿两种绘画技法可同时采用在插画创作中。干画法的特点在于插画家要严格地控制画面中水分的比例，尽量少使用水，让笔较为干涩，干涩的笔触会更容易控制画面的预期效果。湿画法的特点在于让颜色充分与水交融混合，让画面水气十足，更加温润，渐变效果更加自然，画面呈现出酣畅淋漓的天然效果。插画创作者在进行水彩画创作过程中，又有两种绘画技法可以掌握，分别是"色冲水"技法和"水冲色"技法。色冲水技法的特色是，在预先准备的画纸上刷涂上适量的清水，趁水分未干的时候，根据创作的需要再画上颜色，在于让颜色可以局部可控地自然和水分融合渗透。水冲色技法的特色是，等待画面上的颜色未干的时候，选取适量的清水冲淡第一层颜色的需要变化的部分，让水痕快速地自然渗透到未干的颜色中去，使画面具有极强的肌理效果。

（7）**水墨插画**。历史上早期的墨水笔介质一般是用竹笔、芦苇笔、羽毛笔、鹅毛笔居多。到后来出现了钢笔，直到今天大多数插画家都使用一种叫作自来水圆珠笔。在原理上他们都是遵从两种方式来制作使用的，一种是蘸墨水的笔；另一种是灌墨水的笔。

蘸墨水的笔画出的插画线条粗细有致，挺括有力。根据墨水蘸的多少含量不同，多则粗，少则细，多则浓，少则枯湿。灌墨水的笔发展到今天主要有两种，一种是针管笔；另一种是弯尖钢笔。墨水本身的附着力极强，与纸张的结合更为紧密，速干，干后不易褪色，这样的特色会使画面清晰，准确，更利于印刷制版。

水墨具有扩张能力，能营造深邃、悠远的空间境界，根据水墨的厚薄层次差异，能够展现丰富的色彩变化。

（8）**油画、丙烯插画**。油画颜料和丙烯颜料色泽饱满、色彩浓烈、画面肌理效果变化丰富、融合度好、鲜亮并且易于保存，在插画设计时能快速达到表现效果。

油画颜料和丙烯颜料厚堆的功能和极强的可塑性是其他画种无法比拟的，特别能胜任对肌理质感要求极高的再现人物，对象的细腻和粗糙的质地感都可用相应的肌理加以模仿，它的这种特性使油画在观感上产生出能与人们思想情感共振的节奏与力度。在作品风干后，画面的干湿变化也不明显，色彩的明度和灰度不会出现较大程度的改变。在运笔的作用下，塑造不单是完成造型的任务，而且也对画面的肌理效果产生着直接影响。

我们在使用丙烯绘画的时候可以根据作品的需要，选择薄画法、厚画法、干画法或湿画法。我们有时候用丙烯替代油画颜料进行绘制，利用的就是它速干的特性，再绘制完半成品的丙烯画后，可以再使用油画颜料增强画面的肌理和笔触效果。目前，丙烯也成为插画创作者们青睐的一种绘画材料。

（9）**色粉笔插画**。由于色粉笔的颗粒很细，其原因归结于粉末状的特性，容易出现附着力较差的现象，所以我们在选择色粉纸的时候应该挑选特别有质感的色粉纸来进行配合，防止色粉笔绘画的痕迹在画面上脱落。也同样是因为色粉笔的颗粒很精细，造就了画面优美、柔和的特色。由于颜料本身和粉状颗粒的结合并不是十分细腻均匀，所以常常造成画面色彩饱和度不太高，进而不太适合进行太过细腻的细节刻画，还是以自然、纯朴见长。

色彩饱和度不高并不一定是致命缺点，相反可以让画面更加深沉自然，色粉笔最大的特点就是适合表现较抽象的印象派绘画，也可以对角色进行深入细致的刻画，使画面细腻而又有光泽。色粉笔色彩柔和，易于色彩的搭配组合。

7. 手绘插画的创作步骤

手绘插画不是随意涂鸦，一幅好的作品的产生需要灵感、思维艺术加工，以及后期处理等。将头脑中的想象用绘画工具描绘出来，按照一定的步骤，将插画进行构思与加工，才能将完整的插画表现出来，在创作一幅插画之前，首先要确定插画的主题，再根据主题内容延伸出整个构思框架，然后修改，最后上色、成稿。

（1）**构思与构图**。如果说构思是画家寻找灵感的过程，那么构图就是将灵感变为现实的重要基础。绘画时，根据题材和主题思想要求，把要表现的形象适当地组织起来，构成一个协调而完整的画面。对于插画构图来说，透视是构图的关键所在，因此，在绘制过程中，我们可以借助透视辅助线，使作品的构图更加精确。

（2）**绘制草图**。草图能够帮助设计者进行设计思考。插画草图能够让转瞬即逝的灵感以抽象的结构形式保留下来，从而让设计者的思维进行更高层次的思考，同时草图能够简单扼要地表达插画的大概形态与内容的风格走向，设计者通过简单的形体草图绘制让大众大概地掌握插画内容。

（3）**正稿的绘制与调整**。正稿是插画的正式表现图案，在绘制正稿时，可修正草稿中的线条疏密、弯曲程度等，让画中的每一条线都具有意义。插画正稿的绘制与调整，形象地描绘了主角的身份特点，进而完整地表达出插画效果。插画家通过绘制疏密结合的线条，将多个人物与动物形象结合在一起，怪诞而诡异，令人过目难忘。

（4）上色及最终成稿。插画上色是手绘插画的最后一个步骤，通过在正稿上进行有光感、有层次变化的色彩填充，以生动、形象的色彩表现插画的精神意义。

8. 传统手绘插画的发展趋势

传统插画艺术虽然随着社会时代特征的发展变化，以及技术变革所带来的新艺术形式的影响，使原有的外延形式和范围产生了改变，但由于现代插画艺术价值取向的内在体系并没有发生质的改变，传统插画艺术虽然受到了数码插画艺术前所未有的冲击，但仍然按照传统艺术价值评价来进行判定。在当代社会商业文化形态下，受到影响的多为具有实用性特征的艺术形式，而传统艺术以及传统审美意识情趣依然在社会生活中占有相当大的比例，对人们社会生活起着极大的影响。这种影响并不是单纯的观念影响，而是一种文化与历史传统的积淀，是经过了千百年发展与传承下来的，并不会随着某些新鲜事物或者新艺术形态的出现而被否定。这当中所蕴含的艺术价值及社会功能体系也依然能够发挥出应有的作用。这种功能作用还将继续随着社会发展，科技进步和新艺术形式的出现而不断发展，向另一个新的高度攀登（图1-44）。

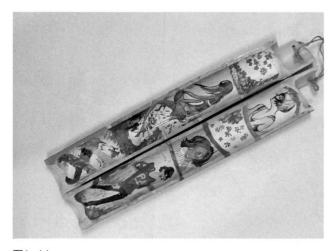

图1-44
学生杜亚男插画作业

二、综合手法插画

综合手法就是除传统绘画和数码技术插画以外的各种独特的造型创作手法，统称综合手法。综合表现形式在插画设计中的运用也是比较常见的，特别是手绘、数码与各种表现手法的综合使用是最为常见的。综合表现形式能更好地结合不同的表现形式的优点，将画面的效果调整至最完美的状态，也能迎合更多观者的喜好，帮助观者在其中找到喜欢的元素。

在插画设计时，将不同的表现形式融合在一幅画面之中，以不同的表现形式相结合来提升画面的表现力，将各种表现形式的优点融合在一起，带给观者更为出色的视觉效果。综合表现形式的运用，极大地丰富了插画的内容和元素，使得画面表现更具多元性和感染力，能最大程度地展现画面效果。

绘制工具在插画的设计绘制过程中起着非常重要的作用，也是我们研究了解插画创作的重要途径。虽然传统绘画所用的工具一般都能够运用到插画设计中，但随着中西方绘画工具的交融，以及数字绘画技术的发展，使插画绘制工具呈现出了多样化发展的趋势。这就要求插画设计师要不断从艺术实践和现实生活中获取灵感，突破创新，要能针对插画的主题及所设定的效果，选定适合的工具进行创作。插画设计师还可以在造型手法上进行创新，通过碰撞、融合、撕裂、摔碎、褶皱、燃烧等手法去探索重新塑造形态和形体的可能性。只要有勇于探索、勇于创新的精神，并经反复的尝试，新的创作手法就会不断涌现。特殊的综合表现形式能使观者有眼前一亮的感觉，加深观者对作品的印象，同时透过综合表现形式使画面展现出更多的创意感和艺术性，使作品的内涵得到升华提高。

1. 剪贴画手法

剪贴插画是将不同的材料进行剪切，拼贴而形成的新的插画创作手法。其材料来源非常广泛，例如杂志、报纸、布料、塑料、植物等。由于不同的材料表现出来的肌理感、厚重感各不相同，拼贴组合成的插画作品也呈现出风格迥异、立体感强、造型奇特的风格特征。剪纸与拼贴应用于插画的魅力在于，图形比用传统技法所画出的更加随意。由于现代艺术强调突破物质的固有界限，剪贴插画这一艺术形式也将被越来越多地运用到插画创作中去。

2. 拼贴手法

随着当代艺术的不断发展，拼贴艺术作为一种独特的表现手法，一种突破传统的思维方式和观念，被文学、戏剧、摄影、建筑、雕塑、平面设计、音乐等诸多领域的艺术家们运用，拼贴艺术在当今艺术领域中有着无限的生命力。同时也是顺应历史潮流的必然产物，有着其自身独特的价值。

拼贴艺术手法的使用和结合，丰富了平面的表现手法，拓宽了表现的空间。拼贴语言中蕴含的多元素的分解、重构、并置等概念。结合了电脑数字技术后，拼贴在艺术领域中产生了意想不到的、戏剧化的、令人为之惊叹的艺术效果。艺术家运用电脑软件，把创作对象分解为不同的图层，再将它们随意拼接、组合。拼贴艺术手法带来的启迪和成效是艺术家和设计师们不可否认的，只要不断融入新的观念、技术及现代社会多样的信息、文化元素于作品中，拼贴手法将会有更深、更广阔的发展。

拼贴艺术手法区别于其他艺术手法的一大特点就是，所用的艺术表现材料不显单一，在材料的选择上没有限制，可由作者自由发挥，非常的大胆和多元化。材料质感的不同，形成了多样的画面呈现效果，作品带给观众的冲击也是丰富和立体的。一些插画家追求手绘的感觉，追求肌理感，就算是用电脑软件来绘画，也依旧模仿手绘的感觉，用电脑效果来模仿版画风格，或者是用有手绘肌理的笔刷来创作。运用拼贴艺术手法创作的作品，能更真实和强烈地传达作者想要表达的情感，作者想要读者体会的意境，不仅仅是视觉上的刺激，还有触觉甚至是听觉。运用可触摸的材料创作，视觉和触觉上同时刺激观众，看到特殊材质，马上会联想到特殊材质带给人特有的质感。

拼贴技法的运用和作用，大致可以分为以下几种：

（1）**表现质感与表现物体**。快速增加信息丰富度，以达到提高图像可信度、真实度的目的。抽象细节如岩石纹理，垃圾堆、灌木丛、铁丝网格等一些小结构和质感变化。具象细节如广告牌、书法、标语等，足以组成一系列丰富信息量的东西。这些琐碎的物体虽不是画面的主体性元素，但单纯靠手绘尤其是在电脑中表现，会极大增加工作量，而且除非运用有非常强的控制力的一些笔刷技巧，否则不容易达到接近真实的效果（图1-45）。

（2）**场景装置与建筑构造**。熟悉数位板作画的人都能体会到徒手绘制直线和圆形的困难，场景设计中充斥大量的规整结构，这些都是徒手绘画很难快速表现的物体，借助照片素材进行改造、拼贴，可以快速达到写实效果（图1-46）。

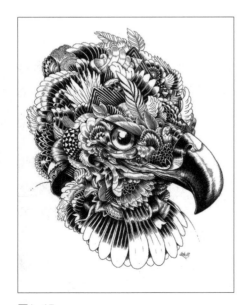

图1-45

图1-46

图1-47

图1-48

（3）**透视关系与空间结构**。利用现成的图片修改添加物体，可以快速确定透视线，营造空间关系，对于需要表现大纵深的建筑或场景绘画是非常实用的方法（图1-47）。

（4）**丰富画面的气氛效果**。例如，烟、火、云、气和尘埃，空气中的碎屑等，真实的图片细节的丰富

度和形态的生动程度要比纯手绘高得多，在场景中适当增加这些元素，可以有效烘托画面的整体气氛，丰富画面的效果，如果大面积使用某些素材，如月光下的云、黄昏的山峦等，更方便在创作时确定画面基调（图1-48）。

三、数码技术插画

社会文化的繁荣与发展，科学技术的进步与应用，促进现当代艺术以不断蓬勃跃进。随着越来越多、越来越先进的科技不断应用于社会，各种新奇的媒体技术和视觉效果展示平台成了商业广告宣传和产品展示的最佳工具和媒介。在这种社会发展的大潮流下，现代商业社会消费文化下所诞生的插画艺术也由原来传统的二维平面艺术，进入到了以电脑数字技术、多媒体技术为主要视觉效果展示媒介的数码插画艺术时代。摆脱了传统插画依赖于单一的二维平面展示，以一种新的形式和罕见的速度得以发展。

插画最先是在19世纪初随着报刊、图书的变迁发展起来的。数码技术插画泛指通过数码技术进行绘制的插画。数码表现形式是伴随着电脑的普及和绘画软件的使用而产生的，运用数码的图文处理技术，通过电脑绘制独具风格的插画就是插画的数码表现形式，数码技术插画是将动态与三维技术结合，以此给观者提供更为丰富的视觉体验效果。数码技术插画在制作的过程中，不仅简化了传统制作的复杂工序，可以进行批量的修改，还可以减少工作流程中的重复性的劳动，在修改的过程中变得简单易行。这样插画师就可以把主要的精力用于创意构思、画面效果上。不仅打破了传统插图的限制，还能全身心投入到插画本身的创作中。

数码技术插画，在工作程序上同传统的手绘插画并没有本质的区别，但是在工具应用等方面却有所不同。传统手绘插画的绘画工具是笔，绘画介质是纸张。而数码技术插画的绘画工具是鼠标和数位板，绘画介质是电脑屏幕。数码表现形式的插画能够模仿手绘的效果，同时还能绘制出许多手绘不能达到的效果，比如强烈的光效和特殊的发质发色等。数码表现

图1-49
数码

形式的插画作品能带给观者更为震撼、辉煌、完美的画面效果。由于受制作材料、制作时间、制作成本等因素制约，要用传统手绘方式创作出优秀的、风格和特点独特的插画作品是非常难的，特别是在数量大、表现力要求高的情况下，创作难度更是可想而知。

时至今日的数码技术插画一直在发展变化着，计算机技术的飞速发展以及数码技术插画艺术与商业的紧密结合，使得数码插画拥有无限广阔的发展空间。科技的进步，给现代插画注入了新的生命力，为现代插画艺术的发展开辟了新的道路。

从商业的角度看，数码技术插画某种程度上更像是一种信息传播和表达的方式。从技术的角度看，目前数码技术插画的发展已经到一个相对成熟的阶段。从艺术的角度看，随着数码技术插画的发展，数码技术插画虽然依旧会和商业紧密结合去发展。随着人们对数码技术插画的重视程度的提高，中国的数码技术插画在未来会形成自己独特的风格和表现语言。

随着科技的进步，科技与艺术更加紧密的结合，科技以前所未有的态势进入到艺术创作领域，数码技术的发展和完善为插画设计师的创作提供了更为丰富的艺术表现手段，数码技术所拥有的优势使数码技术也渐渐成为插画设计师们的首要备选项。利用数码技术，设计师不仅可以天马行空、灵活自如的创作出类似各种手绘效果的插画，还能够绘制出手绘无法达到

的效果（图1-49）。

我们说的数码插画目前主流的软件辅助工具有：Photoshop、Freehand、Illustrator、Coreldraw、Painter、3dsMAX、MAYA等。主流的硬件设备有数码照相机、打印机、扫描仪、数位板等。插画师在现代插画创作过程中使用最频繁的是数位板，它不仅能体现作者的个性，富有人文亲和力，还能描绘传统的手绘，其效果通常比较自然、随意，保留着材料质感、肌理和笔触。电脑技术与手绘的结合，使得手绘模拟效果没有了颜料、纸张、画笔的物质形式，而是以电子文件的格式保存、输出、打印、复制。用电脑绘图色彩鲜艳、方便修改、存储，使用它不仅能提高效率，还可以创造出许多新的绘画风格，这也是人们喜爱数码科技的原因之一（图1-50）。

1. 数码技术插画的类别

从技术上或者不同绘制软件上说，数码技术插画大致可分为矢量插画、点阵图插画、3D 效果插画和数码混合插画四类。

（1）**矢量插画**。矢量插画具有多方面的特点。矢量插画一般都是通过Coreldraw、Illustrator、Freehand、XARA 等矢量图形软件绘制而成，是数码技术插画的一个基本绘画种类。矢量文件的图形图像元素称为对象，其中的每个对象都是一个独立的个体，都具有形状、大小、颜色、位置的属性。矢量插

图1-50
俄国小学品牌设计

画的主要特征是以鲜艳色调为主，图形的轮廓鲜明，矢量的绘图与分辨率无关，因而矢量插画可以无限放大而不会产生模糊；矢量插画可以按最高分辨率显示到输出设备上，在设计应用方面快捷简便；矢量插画可以产生非常细腻的视觉效果，即使是局部细小的细节，也可以被完整、精致地呈现出来，不会使图形变形、失真，有利于作品的印刷与喷绘。同时，矢量插画能够表现出一种独特的平面图形意趣，作品精致、细腻，画面效果唯美，深受人们的喜爱，再加上渐变、路径、混合、网格填充等效果，矢量插画作品大行其道。

（2）**点阵图插画**。点阵图插画主要是通过Photoshop、Painter等位图处理软件制作完成的插画。点阵图像是由像素点组成，其特点是同样大小的图像，像素越多图像的精度越高，放大或缩小图像，会导致图像的精度发生变化，呈现出马赛克色块。点阵图插画最能接近手绘效果，同时能创作出超越手绘的数码效果，能够制作出色彩丰富的图像效果，从而表现自然景象的逼真感。目前，比较流行且应用最广泛的位图处理软件就是Painter与Photoshop。其中Painter是一款模仿传统绘画的软件，软件提供大量的模仿传统绘画的笔刷。应用Painter绘制插画，要注意灵活运用强大的笔刷功能。软件自带的多种笔刷具备了重新定义样式、墨水流量、压感以及纸张的穿透能力等功能。Photoshop（以下简称"PS"）是一款功能非常强大的图像处理软件，与Painter相比，虽然PS没有那么强大的模仿传统绘画的笔刷功能，但是PS的优势是图层、蒙版、通道、滤镜等功能，PS的绘画引擎功能也极大地提升了PS绘画的表现力。在PS应用时配合数位板，可以更好地控制笔触，以期最大程度的拓展延伸设计师的创意表现。

（3）**3D效果插画**。3D效果插画泛指通过Max、Maya等三维软件制作完成的插画。3D效果插画能够通过数字运算完成逼真、生动的空间物象的三维效果，甚至可以通过充分的应用渲染创造出非常细腻的物象质感，满足观众视触觉的感官审美诉求。3D以其所具备的高超的数字技术应用和夺目的数码效果成为现代视觉图像技术在未来发展的主要趋势。3D效果插图也具备了其他类型插图所没有的更为丰富的空间视觉感受。

（4）**混合插画**。混合插画泛指融合各种数码插画制作技术（矢量、点阵图、3D等）制作完成的插画。混合插画的创作非常自由、随意，手法多种多样，取材随意灵活，画面元素丰富，是当下国内外年轻插画师最为喜爱推崇的插画形式之一。

2. 数码技术插画的特点

数码技术插画与传统插画同为插画艺术，有着相似的审美属性和不同的艺术特点。与传统手绘的插画形式不同，下面我们来总结一下数码技术插画的特点：

（1）**规则性**。由于数码技术插画是运用计算机技术来绘制插画，图形和形象是以数字方式生成，因此，在图形绘制和塑造过程中带有明显的不同于传统手绘效果制作的造型特征。在数码技术插画中，通过数字运算可以准确地制作出插画图形和形象，这种插画塑造的图像和形象多了一些造型的规整性、线条的光滑和流畅性，明暗过渡的细腻性，具有特殊的视觉效果（图1-51）。

（2）**丰富性**。数码技术插画是使用电脑软件制作完成的，而电脑技术又是可以模拟出各种传统插画表现的效果，例如油画效果、水彩效果、国画效果、铅笔画等，同时，电脑技术又可以将各个单一的不同绘画表现效果进行组合和重叠，形成丰富多彩的画面效果，而这种丰富多样的表现方法和画面效果正是数码技术插画的特点和优势，传统手绘插画是难以实现的

图1-51
电视网品牌设计

图1-52

图1-53

（图1-52）。

（3）**便捷性**。数码技术插画的设计制作是以高科技的手段代替了传统的手绘模式。绘画工具和材料以及各种素材都可以方便的集合于电脑操作平台，绘画方式产生了巨大的改变。数码技术插画制作手段使画面修改、复制、保存摆脱了传统画笔和画纸的限制，变得十分容易、方便、快捷，有时方便快捷到只需要对键盘轻轻一敲，就可以实现手绘难以完成的制作效果。

与数码技术插画相比，传统插画更注重对原作的欣赏，原作具有最高的艺术欣赏和收藏价值，原作在传统插画中有着非常重要的地位。而数码技术插画作为一门大众艺术，通过喷绘、印刷等媒介实现后，其原作可以非常容易而方便的复制和再现，且复制出的作品与原作在品质上差距甚微。因此，对数码插画技术而言，视觉欣赏是不是插画原作已显得不是那么重要（图1-53）。

（4）**复制性**。复制性是数码插画的特点之一，数字化时代的复制算是完全抹消了原版概念，将全部的信息以数字的形式传递，在接收端的那一方可以毫无损失的再现。可以说，艺术的显示方式被改变成这样的模式，这是数字化的艺术传播遇到的最突出的特

质。从插画的角度看，复制性是一把双刃剑，它决定了数码技术插画不可能像其他艺术形式一样的存在，数码技术插画作品与传统绘画作品中都存在艺术性。很多架上绘画的作品被人们所喜爱和收藏，很大程度上是由其唯一性决定的。而复制性的优点就在于复制性加快了数码技术插画作品的传播速度，数字图像依靠网络，在短时间内就可以被无限的复制或删除。其生命周期是短暂的。但是它的形式更符合我们今天快节奏的生活方式（图1-54）。

图1-54

图1-55

图1-56

图1-57

（5）**虚拟性**。电脑上绘画都是由数字符号组成，是看不见的，只是电脑在模拟所形成的图形图像。不同的软件可以模拟不同的视觉形象，可以模拟传统的架上绘画，可以模拟真实存在的二维空间，但是这些形象和空间都是由数字符号组成的，而我们在屏幕中看到的形象都是由这些数字序列虚拟形成的影像。而插画的另一虚拟性是指软件的虚拟现实技术。在数字绘画软件中，插画艺术家可以找到各种各样的笔刷和画布画纸。水彩、油画、铅笔等多种不同的笔刷可以在一张画布上使用，还可以对笔刷的透明度以及干湿程度和画笔的大小进行调整，拟出真实的绘画效果（图1-55）。

（6）**商业性**。商业性虽然不是数码技术插画本身的特点之一，但是数码技术插画本身为商业服务，无疑商业性是数码技术插画的主要属性。而在我们社会发展的今天，数码技术插画受到喜欢的主要原因就在于插画既能实现商业价值又能很容易获得大众的认同，更好地实现其艺术价值。可以说没有商业的需要，就没有数码技术插画的今天。当今数码技术插画的发展在艺术性和商业性中具有一定的平衡性是最重要的，不能忽略商业的价值，但是更应该在实现商业价值的同时最大化体现数码技术插画的艺术价值。现在的商业插画被认为是一种商品，而非艺术品。在这样的前提下，很多插画从业者一味追求其商业利益，而忽视其艺术性，制造大量的视觉垃圾。这也是数码技术插画对商业强烈的依附性所造成的（图1-56）。

（7）**艺术性**。数码技术插画的艺术性是由绘画的美感和创意等多方面组成的。绘画的美感是数码技术插画在承载信息传播过程中是否被接受的主要因素之一。每个人对美的感受都不尽相同，这里所说的美感是一种广义的，大众化的美。在信息传递的过程中具有美感就容易被人所接受和认同。创意是指数码技术插画在应用上的创造性。在商业插画的制作中，好的作品应该是具有创意的。创意的目的是为了深化与强调主题，突出数码技术插画作品本身的特点与个性。从而给人以特别的视觉感受，有利于作品的信息传达。一幅优秀的数码技术插画作品应该在形式上具有设计的创意，在表现上具有绘画的美感（图1-57）。

3. 数码技术插画的常用软件

（1）Adobe Photoshop。Photoshop是Adobe公司旗下最著名的图像处理软件之一，是使用率最高的一款软件。Photoshop主要用于处理以像素构成的数字图像，其清晰度受像素大小制约，像素的设定直接决定着图片放大到一定程度的清晰度。Photoshop具有快捷的调色、图片编辑、图像合成以及图像的修正与色调校正功能，强大的特殊效果处理系统，根据设计者的需要进行不同效果图像的制作。不仅如此，它还能够与多款绘图软件兼容，既可以打开或编辑其他软件处理的图像，也可以将图像转换为其他软件可以识别、编辑的图像格式。随着版本的更新，Photoshop的功能在不断细化和完善，Photoshop CS5将界面与功能结合，扩展了各种命令与功能，且提供了简洁、有效的操作途径，增加了精确选择、内容感知型填充、操控变形等功能，也增加了用于创建和编辑3D、给予动画内容的突破性工具等。软件在图片编辑和图像创作的等功能更为完善和强大，并最终成了拥有最多客户的图像软件之一。

（2）Adobe Painter。Adobe Painter是一款模拟自然绘画笔触最为出色的软件，具有数码素描与绘画的功能，能够很好地模仿自然绘图工具和纸张的效果。它拥有多种仿真画笔，它为使用者提供了油画、水彩、水粉、马克笔、铅笔、钢笔等大约400种笔触效果以及多种纹理效果的纸张。借助手绘板的压感设定功能，Painter能够帮助设计师找到如同在纸上画画的手感。由于Painter软件的高仿真画法，对于绘画者的专业功底有着很高的要求和制约，因此Painter在我国还未达到与Photoshop相同的普及程度，但是因为具有创作上的自由、仿真数码绘画的特性而受到数码艺术家、插画师以及摄影师的推崇和青睐。设计师可尝试此软件的强大仿真功能，使画面效果逼真又富有艺术感。

（3）Adobe Illustrator。Adobe Illustrator是一款适用于平面设计、出版、在线图像、多媒体设计等工业标准矢量绘图软件，主要具有较高的精度与控制力，广泛运用于专业插画、多媒体图像、网页等制作领域。其清晰度程度与像素设定无关，无论放大到何种程度，其边界和细节依然清晰。Illustrator适用于绘制装饰性较强、轮廓精准的图形，不适合表现明暗关系丰富、色彩层次较多的绘画作品。设计师可将其优越的图形处理技术与其他位图软件相结合，利用其优势的互补，制作出完美、精致的插画作品。

（4）CorelDRAW。由Adobe公司出品的，CorelDRAW软件也是一款矢量绘图软件，主要被用于矢量动画、页面设计、商标设计、模型制作、排版以及分色输出等各个领域。其应用程序主要包括页面设计和图像编辑两大功能。CorelDRAW为设计师提供了一整套的绘图工具如：矩形、圆形、多边形等，再通过各种塑形工具对图像进行设计处理。

CorelDRAW支持与其他绘图软件一样的输入和输出功能，能够与其他矢量、位图软件兼容并进行图像编辑工作。除了强大的图形处理以外，其文字处理功能同样不比其他软件逊色，可根据需要为文字进行字体处理和文字排版。

（5）3ds MAX。3ds MAX软件是Autodesk公司开发的用于三维动画渲染和制作的软件，并被广泛用于多媒体制作、建筑设计、工业设计、游戏制作、广告设计等各个领域。本款软件的建模功能非常强大，在动画制作方面具有极强的优势，能够制作出极度逼真的人物形象和建筑效果。利用3D软件制作的插画作品，色彩清晰且仿真效果较好，是适合制作写实类插画的软件之一。

数字化软件相互之间也有着非常统一、友好的跨平台特性和用户界面，操作灵活方便，能便捷地进行移动、剪切、拷贝、拼贴、变色等操作，同时，还有图层、通道、滤镜、特效、笔刷等许多的特效功能可以使用。电子产品最大的优点就是储存量大，文件的储存和提取都十分方便，可以随时修改、便于携带。可以在电子屏幕上展现，在网络上流通，更可以在众多媒介中反复推广和使用。技术的数字化大大节省了图片的存贮、输送空间，并从根本上保证画面质量不变，更有利于批量化的生产。现代艺术设计思维、设计手段、设计对象乃至设计者本身，都由于科学技术的强力介入，具备了信息时代的明显特征。如今，数码技术插画作为电子信息产品的代表之一，也具有了强烈的技术美。

4. 数码技术插画的相关设备

数码技术插画不仅需要作者的绘画功底，也需要处理图像的技术。完成一幅数码技术插画的同时也需要外部相关的设备来辅助完成，例如计算机、数码相机、扫描仪、手绘板、数码屏等，根据不同画面的需求，选择适宜的设备，共同创造出一幅插画作品。

（1）**计算机的配置要求**。计算机的设备包括内存、硬盘与显示器三个方面。制作数码技术插画需要在计算机上安装相应的图像处理软件，这类软件的安装需要计算机具备较高的存储容量。这样可以防止在插画制作过程中发生内存不足，数据丢失破损等状况。计算机的显示器最好选择分辨率高的以确保图像的质量，同时选择能显现真实色彩效果的高质量显卡，色彩更真实清晰，有利于插画颜色的选择和调整。计算机的硬盘尽量选择160GB以上的高速硬盘，这样能减少等待计算机存储和处理的时间，避免发生崩盘的状况，保证作图过程的流畅性，让插画制作更有效率。

（2）**数位板及液晶数码屏的选择和设置**。在绘制精美的插画作品时，数位板具有鼠标作图不能比拟的效率。选择高精感应速度与敏锐压感精确的数位板是选择时需要考虑的问题。感应速度是绘画应用中的一个关键要素，选择笔感应速度高的数位板可以跟随手的运动速度，仿如在纸上作图一般，得到完整的线条变化效果。敏锐的压感能根据手绘给予表面的压力程度，得到具有细腻变化的笔触效果。最新的影拓第三代数位板具有一个前所未有的最高分辨率值508dpi，这意味着通过手绘板，我们能精确地表现出细如发丝的线条。这种绘图方式不仅能摆脱传统工具的束缚，高效地完成作品，而且工作流程也很简洁、便利。

液晶数码屏结合了压感笔与液晶显示器的功能，是在电脑屏幕上直接利用压感笔进行高精度、有品质的绘图方式，以液晶屏幕为纸张，用压感笔在屏幕上进行绘画，显得便捷、真实。这是现代数字化技术利用液晶显示技术和数位板相结合的高科技产物，也是无纸办公室图形输入的最优解决方案。设计师能直接

看屏输入，以快捷、准确地绘图。

（3）**扫描仪**。扫描仪在数码技术插画中用于插画草图及图片素材的扫描，并将手绘插画、数码照片等传送到计算机中，再运用软件进行调节与上色，扫描仪将手绘与计算机相结合，让数码技术插画画面立体效果更真实、色彩效果更丰富。

5. 现代数码技术插画的艺术形式以及表现特点

现代插画艺术对数字技术的使用使其艺术形式不断变化，无论是在艺术语言方面表现技法多样性的探求，或是在艺术表现主题方面对于表现内容与特点的深度和广度的探索，都有了长足的进步。随着数码技术的发展，现代插画艺术在艺术表现力和视觉效果上更是展示出了独特的魅力。在现代社会各大领域以及人们的日常生活活动中，都可以看到现代插画凸现其中。在传统的书籍、广告和影视领域，在新兴的动画玩具、潮流时尚、电脑游戏、广播媒体和互联网等新产业中，无一不感受到现代插画艺术已渗透到与视觉传达的社会生活的各个方面。作为从传统绘画发展而来的插画艺术，与传统绘画艺术有着亲密的血缘关系，其特性使"纯艺术"和"商业实用艺术"两者之间的界限变得越来越模糊。随着现代科学技术的发展，数码技术插画的表现形式、语言体系和技术工具也越来越数字化、简约化和专业化。数码技术插画通过新科技获得了新的媒体展示承载平台、独特的视觉冲击力和艺术表现内涵，从而使技术和艺术的结合达到了前人所不具有的高度（图1-58）。

现代数码技术插画早已经不再像传统插画那样局限于简单狭隘的二维平面媒介中了，虽然那些原有领地并没有放弃，但是现代数码技术插画早已经随着科技革命开辟了新的领域，并开发出了新的功能与特点。

（1）**不再局限于简单的文字说明和补充**。随着数字技术的应用和科技的发展，更多地脱离文字的束缚，成为因图像而图像的一种创作形式。如在影视多媒体、游戏设计以及动漫等领域。

（2）在视觉展示效果上，不再单一追求于观众想象力的发挥和联想的体现，转而追求将观众直接带入插画艺术家所精心营造的某些虚拟的视觉幻觉当中。使之产生出脱离现实，自我情境带入的效果。

图1-58
电视网品牌设计

（3）随着社会商业消费文化的发展日渐深入，现代插画家们更多地关注于商业合同的实现和客户的委托要求，不再刻意去强调个人的艺术价值观和世界观的体现，甚至有时候在插画家的作品中看不出带有任何个人观点的东西。

（4）由于商业消费特点和商品契约化，现代插画最主要的一个功能就是服务于客户商业委托者，以完成商业契约合同为第一要务，并能够将商业信息以简洁明了、准确清晰的艺术表现手法传递给观众，通过强烈的视觉效果冲击从而引起他们的兴趣，并使其相信所表现之内容的正确，并在审美的过程中欣然接受并能够诱导他们采取最终的商业消费行动。

6. 数码技术插画发展趋势

现代数码插画艺术是社会视觉图像艺术达到一个新高度的产物，也是现代插画艺术发展的一个重要阶段和转折点。社会商业文化的高度发展使得视觉图像成为人们生活中最为重要的信息环节。数字技术的完善和高度应用，为插画艺术带来了新的活力和艺术样式——全新的"数码"风格。就社会功能角度和实用性的角度来说，这是一个跨越式的发展。而从插画艺术发展方面来说，这是一个新的尝试和巨大的发展进步。数码插画艺术增加了插画艺术的风格样式，拓宽了插画艺术的语言形式和创作范围。由于新媒体技术

带来的社会面的拓展，使之更加适合现代社会商业文化的传播和信息传达，更逐渐引领起大众审美意识与情趣的变化和发展。人物造型充满幻想且奇特、整体色彩夸张艳丽，在视觉上注重虚拟性环境的真实带入感和故事情节的趣味性与审美意识的结合，以满足和复合商业文化信息内容的传达，这些都是现代数码插画艺术的美学核心和社会功能特点（图1-59）。

数码技术的使用，使现代插画艺术家从原先烦琐的传统手工创作中感受到了社会科技进步所带来的好处。工作效率的提高，时间和成本的节约，以及创作工具和表现技法的形式上的改变，让现代插画艺术在量和质两方面都发生了变化。新技术的应用、新媒体的拓展，使得现代数码插画摆脱了传统插画固有领域的束缚，而投入到更加广阔的天地中。现代插画的社会功能发生了极大的转变，而其作用产生了不可估量的扩展。现代数码插画在运用于传统书籍、报刊等媒体领域的基础上，通过新技术的广泛使用性，与新兴的媒体形式很好地结合了起来，如动画、影视、手机通信等，很好地拓展了数码插画的社会功能。如果说，原来的插画艺术仅仅只是在文学书籍方面对文字的修饰和解释起着一定的补充作用，那么现在通过数字技术以及同其他新媒体的集合，现代数码插画已经成为整个社会文化艺术领域主要的艺术形式，并成为

当代社会商业文化传播的主力军。读图时代的到来，使视觉图像成为社会生活的主要阅读方式，商业消费时代，海量的信息内容让图像替代文字成了人们日常学习和交流的主要沟通形式。在当代商业消费文化的时代特征下，现代数码插画艺术不但肩负着传播商业信息的功能，还起着对大众潮流时尚文化、审美意识情趣和实用艺术自我发展的多重功能。而这些功能还将随着社会科技进步、商业经济发展以及人们生活形式的嬗变而不断发展变化，甚至再衍化出新的功能。

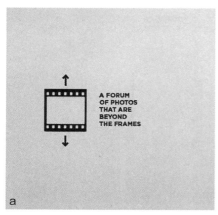

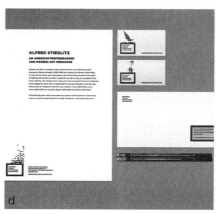

图1-59
Horizons摄影品牌设计

CHAPTER

02

第二章

插画设计的
创意表现

在艺术设计的领域内，超越性的思维就是创意，是一种创造性的意念。"创意"是表现设计主题的新颖构思，意念或者想法。创造性思维追求和孕育的就是新颖独特的创意构想，实质上就是一个不断寻求独特创意的过程。插画设计的实质就是创意，创意是插画的灵魂，只有卓越的创意才能使插画作品具有震撼力和感染力，产生打动人心的力量。

插画设计是一项创造性思维活动，必须具备创造性发问的重要思维品质，包括生发创意、引发创造、产生新颖独特构思的能力。体现在插画设计师身上，主要是创意生发能力，进行想象、幻想、发散、推理等综合性的创造性思维能力，通过创意把设计的意念、意境和形象表现出来。创意不仅是一种人生智慧，也是一种超越性的思维方式，是一种在人们习以为常的事物中发现新含义的能力，是一种奇妙无比的无中生有，能把两件事物组合成新事物。创意不仅是一件设计作品的思想内涵和灵魂，更是一个企业或行业的生存之本，它在任何领域都处在非常重要的地位，决定着人们的成败与产业的兴衰。

一、插画创意的概念

创意从字面上的意思是指创造出新的意境，但创意在插画设计之中则是指运用新鲜、独特的内容去表现原有的概念或形式，并带给观者不同的视觉感受，留下深刻印象。创意设计是意想不到、与众不同的设计形式，而插画创意的来源则是日常生活的积累，要懂得从生活细节去发现新的创意。

二、插画创意的基本准则

创意是人类智慧的体现。"创"即创作、创造，表明做前所未有的事情；"意"即意念、想法、点子。插画的创意是插画师将积累的感性材料、理性认识和创作经验进行艺术加工和创造时产生的新思想、新方法。

（1）主题明确，表达清晰。所有的插画都有一个服务对象，无论是纯粹的商业插画，还是公益海报招贴插画、儿童书籍插画，甚至包括艺术家们的自由创作类插画，都必须接受目的性的制约（图2-1）。

（2）平民艺术，通俗易懂。插画是一种平民化的艺术，它之所以受到大众的喜爱也正是因为其自身信息传输通畅、影响面广的特点。插画不仅仅是艺术家个人情感自由驰骋的精神硕果，更是为社会大众、为产品、为商家、为描述对象服务的工具。因此，好的插画创意既要有新意、有巧思，又要让不同文化层次的人都能理解和接受（图2-2）。

（3）风趣幽默，寓教于乐。幽默感是插画创意中一个不可或缺的重要元素，它能使原本枯燥呆板的内

图2-1
学生王凡作品

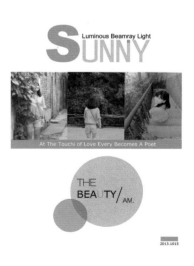

图2-2
学生王凡插画作品

容变得妙趣横生，同时这种艺术手法也能够反映和揭示出平凡事物表面下掩藏的深刻本质，让观者在笑声中也能感受到强烈的震撼（图2-3）。

（4）**新颖独特，形式多样**。步入信息化的现代社会，面对日新月异、纷繁复杂的世界，每个人都不由自主地加快了生活节奏，而各种扑面而来的信息又使人们变得日趋麻木。如何运用新的思维和新的表现方法吸引住观者的眼球，已经成为当今插画设计师的首要课题（图2-4）。

图2-3

三、插画创意的特点

（1）**丰富的想象力**。创意的首要特点就是具有丰富的想象力，插画设计需要想象力，想象力的出现会使画面变得更加宽广，画面的思想也会随着想象力而不断飞跃，带来更美好、更具有戏剧性和个人意识的画面效果。没有想象力就没有美，在人类艺术史上，正是因为艺术家丰富多彩的想象力，才使得整个人类文化艺术异彩纷呈。丰富的想象力能使作品变得更为亮眼、更具创意，能带给观者意想不到、具有视觉冲击的画面效果（图2-5）。

丰富的想象力已经成为插画设计师创造性思维能力的重要素质，是生发新颖独特创意构想的不可或缺的思维品质，进行创意构想时，首先必须激发自己的想象力。纵观现代各种形式的插画设计作品，我们强烈地感受到了艺术想象力的力量，这种力量充溢在许多优秀的插画设计作品中，无论是国内外知名大师的作品，还是初出茅庐学生的作品，无不洋溢着想象力的光彩，令人留下深刻的印象。

（2）**强烈的冲击力**。强烈的冲击力能使画面感觉更为突出、闪亮，更加快速的吸引观者的注意，并给观者带来更多的视觉表现和冲击力。大胆地运用元素造型或色彩搭配能够起到很好的冲击作用，为画面创意的展现提供先决条件。

在插画设计中，从视觉冲击力的角度来看，色彩搭配效果比造型效果更突出，因为观者的感官会在第一时间受到色彩的感染，越是反差对比大的、越是鲜艳亮丽的色彩越能带给观者强烈的视觉冲击（图2-6）。

图2-4
特价pop

图2-5

图2-6

图2-7

从中感受到设计者所想要传递出的画面情感，我们可以从主题题材、表现手法与工具、色彩搭配等方面入手，使作品有明确的设计风格。

针对插画设计，主要有写实表现、抽象表现、超现实主义表现、装饰表现等，风格是设计作品展现的格调、气度；是设计作品富有的风姿、神采。每一种插画的表现形式都是一种设计风格的表现，不同的插画风格表现在绘制手法、元素构成和色彩的运用上都是不同的，不同的风格所表现出的艺术感和画面氛围也各不相同，带给观者的视觉刺激也具有强弱之分，同时，风格的确立也更容易突显设计者的特点，能促使作品展现出更为独特、强烈的画面效果。风格是艺术创作中表现出来的一种综合性的整体特点，插画的风格就是插画所表现出来的整体特点，插画的风格是与插画的内容、主旨相互统一的。不同插画表现形式的出现为插画设计增添了更多的新鲜血液，无论是单独使用，或者是多种表现形式共同使用，都会为观者带去更为丰富的视觉体验，让作品更容易被记住。

商业插画的艺术风格与应用媒介的互动关系不仅仅在视觉上有紧密的联系，在表现手法、艺术形式等很多元素上都是无法分开的。优秀的商业插画作品必须具备多种表现力，例如，准确地传达信息、将目的性与实用性用艺术的手段进行统一，这是视觉媒介应用的关键。所谓的视觉传达，就是把这种对消费者的感染力和视觉冲击力称之为商业插画表现的"视觉语言"。只有丰富了商业插画的视觉语言才能更好地将其在不同的应用媒介得到更加广阔的发展空间。

随着科技发展，商业插画已成为相当重要的一种艺术形式，很多广告及包装上都运用商业插画作为设计主体，由于现代商业插画承载范围的广泛性，它的表现形式也必然呈现多样化。商业插画的有效期是短暂的，所以研究商业插画将是一个持续发展的话题，而且随着时代的发展而不断变革。因此，商业插画的设计需要我们去共同研究创造具有时代特征的、高水平的设计，才能满足市场及艺术的需求，才能推动文化的发展。

（3）**鲜明的感染力**。鲜明的感染力是画面在情感上的体现。鲜明的感染力能使观者更快地融入画面之中，能准确地感受到画面所要表达的内涵，也能在最短的时间里传递画面的创意性，让观者对画面产生深刻的印象。感染力能丰富画面情感，使画面表现得更加生动，形象（图2-7）。

通过色彩的搭配也能为画面营造出鲜明的感染力，例如暖色调可以营造出温暖、热情的画面感染力；冷色调可以营造出冰冷、冷酷的画面感染力等。

第一节

插画设计的风格采集

插画的风格表现是对作品整体风格的体现，可以区分插画的类型。插画风格是为其内容、主旨服务的，插画内容、主旨决定了插画风格的表现。在插画设计中，为了让作品具备明确的风格表现，让观者能

一、写实表现

1. 写实表现的概述

写实，字典的解释为："如实地描绘事物。"反义词为虚构。是一种文学表现体裁。19世纪50年代的库贝尔的"写实主义宣言"，正式地提出写实的概念，并将其正式引用到艺术表现中。然而写实的表现形式并不仅仅是以写实主义为基础的。从洞窟壁画开始，人类就致力于"如实的描绘"所看到的物象。从文艺复兴时期到19世纪后半期，西方传统绘画随着资本主义的兴起与发展得以壮大。这一时期的西方传统绘画注重于对事物外表的描摹，也就是所说的写实主义，随之发展出了完整严谨的绘画艺术体系。并随着社会生产力的发展、科学技术的进步以及精神世界的衍化，从而引发出不同社会阶段不同的艺术形式的出现。现代插画艺术的出现同样如此，现代插画艺术作为传达商业信息或突出商品特征，是有独特的艺术风格的一种艺术手段。并从一开始就深受西方传统写实绘画技法的影响，在其形成发展以及演变过程中起到了决定性的意义。

随着生产力的发展和社会的进步，现代插画艺术的表现手法要讲究插画的大众化和实用化，因此大部分现代插画艺术采用表现手法来表现客观事物，主要分为写实、抽象和混合三种形式，同时表现对象要针对商品和企业本身。写实手法的商业插画由绘画和摄影组合而成，这也是最为基本和应用最为广泛的表现手法。写实的表现形式是指设计者在进行插画设计时，真实地再现事物的形态，它属于绘画的一种表现方法，在艺术形态上属于具象艺术，作品表现手法细腻写实，细节细致入微。写实手法主要有素描、丙烯、彩色铅笔、水粉、水彩、油画、马克笔、蜡笔及电脑绘画等多种表现手法。这类插画作品往往融入作者的个人思想和创作力，富有浓郁的感情色彩（图2-8）。

写实表现的插画具备准确客观的造型、合理的空间布局以及如实反映主题内容等特点，主要作用是将信息真实、直接地转化为视觉形象信息。设计师在进行绘制之前，必须对相关专业领域有一定程度的认知和理解，力求将真实事物准确、严谨地表现出来。除此之外还要求极强的绘画功底，对于透视学、几何学以及空间比例关系等专业技能要求极高。这样，作品才能具备足够的写实表现能力，才能更好地塑造画面主题，保持画面的完整性和美观性，为画面带来最强烈的真实感受。写实表现其性质是写实的，但是绝非机械性地再现对象。设计师需要在准确的基础之上，将对象的特征进行提炼和概括，再通过适当的背景烘托，选择最佳的角度和细节表现出来。

写实风格的插画作品所描绘的都是贴近真实生活的影像，营造的是一种比较真实的生活场景，再经过艺术家的艺术加工处理，并且融进了艺术家的思想情感，为大众所理解和喜爱。它将要表达的对象直接真实地展现在设计画面上，充分利用摄影和绘画等技巧的写实表现能力，极其真实细腻地刻画对象的形态、质感和功能用途，给人真实可信的画面感和心理感受。由于插画种类和画风的限定性，每一幅写实风格插画与绘画对象的相似点、相似程度也不相同。有追求外形相似的，有追求神态相似的，甚至有追求与照

图2-8
写实水彩表现

片完全相似的超写实效果。

现代插画设计的写实性艺术表现已经不仅仅是简单的自然主义，机械地、表面地再现对象，而是对表现对象进行精心的选择、概括、提升和升华，使之成为比真实生活更高的艺术典型。设计师力图展现产品与众不同的特点，往往会反复推敲，精心设计选择最佳角度、最佳部位、最佳组合来表现产品的特质。在背景的衬托渲染、画面色调的处理、采光配置上都十分讲究。借助摄影、喷绘、电脑等手段，能够取得十分"真实"的视觉效果，追求完美，具有上乘的画面品质，为视觉传达开拓了一个崭新的空间（图2-9）。

2. 写实表现的应用

现代插画艺术更多的作为一种商业手段，所要求的无非就是如何更容易的吸引人眼球，直接传达消费需求以达到商家的商业目的。而对于普通消费者来说，一目了然的、形象的、逼真的作品更容易吸引他们。所以，符合大众审美品位是商业插画艺术家要经过的一道关。这样看来，写实类的商业插画可能在普通大众眼中略受欢迎。虽然夸张强化商品特性是必要的，但我们都知道，具象写实的形象更容易一眼看出它所要表达的主题。在这个年代，艺术的范畴如此之广，具象、意象、抽象的艺术形象摆在普通消费者面前，消费者更容易接受的是具象写实的形象。以传统写实绘画技法为艺术表现语言的现代插画艺术作为商业广告传播与视觉传达设计中重要的表现形式之一，

图2-9

在商业活动以及商品展示等方面具有强烈的视觉冲击力。

写实表现在现代招贴广告、商品包装、产品介绍当中被广泛采用。因为现代插画的从属性决定它所传递的商业信息、商业活动信息必须准确。由于其大众化、实用化的特征，常常需要忠实地表现客观的事物。特别是在关于产品形象的宣传中，写实技法被大量采用。它将产品动人的外貌、精美的质地、独特的功能尽可能真实、完美地表现出来，十分容易赢得人们的信任和好感，诱发消费者的购买欲望。

3. 写实表现的形式

随着科技和时代的发展，数字艺术已经渗透到了社会的各个角落，网络信息化的进步和普及使得商业活动不仅仅局限于实体销售，更多则发展到了网络，产生了数字插画和大批的数字插画师。数字化的进步和普及，扩展了插画的表现形式，不仅提高了插画师的工作效率，同时也让他们的创意思维空间得到了拓展，这就可以让设计者将更多精力放在创意而非制作上。同时电脑技术让写实的表现形式不再只是小部分功力深厚的插画师的专属，而是大多数插画师都可以通过电子产品实现的表现形式（图2-10）。

4. 写实表现的需求

从洞窟壁画开始一直到19世纪末，人类视知觉长久地受到写实绘画的影响，造就了大众的审美倾向，相比较现当代抽象性、表现性绘画与设计中深奥难懂的符号语言，写实性直观的表现语言更能被人们所接受。尤其在数字化的今天，电子商务已经逐步走向人们的生活，商品的营销渠道和宣传手段不断发展的同时，商业插画也作为商业活动中重要的组成部分进入或是影响到人们的生活。与此同时，随着人们精神生活层次的提高，人们对商品的选择也越来越挑剔，此刻写实性表现形式的商业插画就不仅仅是传递文字信息的工具，同时也是对于商品或是企业形象的宣传以及地位的提升。

5. 超写实主义表现

超写实主义也是写实表现的一种类型，超写实主义是一种参考照片的，在画布上进行客观、清晰地再现画法。这种惊人的逼真效果比起照片来，更让人回

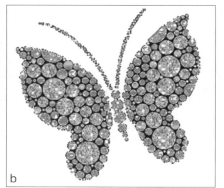

图2-10

味。超写实主义的表达，不是对所有细节的一视同仁地清晰处理，而是一种真实效果上相对的美化，它突出重点和普通的差距，体现了一种画布下的个性、情感、态度的痕迹。很多数码设计师都热衷于这种超写实的绘画形式，这是对绘画功底能力的挑战（图2-11）。

超写实作品往往绘制得细致入微，非常注重光影、空间纵深、透视等表现，从而创作令人叹为观止的超写实插画作品。这种类似照片的写实插画与摄影有着密切的联系，许多作品是仿照照片创作的，但插画艺术比照片更具表现力，发挥和修改起来更加自由，最重要的是超写实插画比照片更具视觉趣味。对数码插画设计师而言，超写实风格也是对自己技艺的挑战。

图2-11

二、抽象表现

抽象表现的插画作品一般是从点、线、面和色彩两方面进行自由组合，从自然物象出发的抽象，形成与自然物象保持有一定联系的抽象艺术形象，由点、线、面等抽象图形或由加色块、肌理等元素构成，从而使插画作品产生具有个性和秩序感的画面效果，它们之间没有直接的含义，但有一定的联系。抽象图具有广阔的表现空间，在画面的表现上具有很大的发挥潜力，能引起观者一定的联想。这是一种纯形式的艺术表现方法，充分利用点、线、面等视觉形式构成的基本要素将这些基本元素提升到自主的、富有表现力的元素高度，来构成表达特定意念的插画画面。表现手法多采用象征、对比、隐喻、寓言等间接的手法进行体现，多会将这种需要表现的情感和理念以一种变形的手法附加于某些在人们的意识形态中具有特殊地位的物体之上，以借助于这种先入为主的心理感受，强化人们对于插画作品内容和理念的理解。这种插画风格被越来越多地运用于杂志、网络、媒体等传播载体之中，起到满足消费者审美品位和情感补给、引导某种生活方式的功能性意义（图2-12）。

在现代设计中，点、线、面及色彩等视觉元素的稳定感和运动感，常常与某些符号意义联系在一起。在一般情况下，这些元素可能不具有什么意义，但在某些特定的情况下，它会代表某种实在的东西，比如说一个圆点代表着太阳或眼珠，一条竖线会代表人物或大树。这些具体的意义使得点、线、面等视觉基本元素被赋予了生命的活力，成为可亲可近、生机勃勃的，能唤起某些联想的象征性符号。抽象表现手法大

图2-12
学生杜亚男作业

图2-13

量运用于有关抽象概念和观念性主题的表现之中，受现代艺术流派的影响，它为设计师提供了广阔的空间。运用抽象的形象能够表述思想意识中的概念及朦胧的情绪，让人们的想象力充分发挥，获得预期的传达效果。抽象的形象，可以是几何意味的图形，也可以是臆造的形象。总之，它把概念视觉化，并转化为图形（图2-13）。

不同的点、线、面及色彩等基本要素具有不同的性格特征，它们不同形式的组合变化，能显示出各自的形式特征和表现性，形成不具备具象形体的画面，画面的内容在现实生活中可能不存在，或者是对现实事物的扭曲变化，不拘一格的表现形式和丰富多彩的形象，为观者带来更为不同的视觉体验，在画面的情感表现上也显得更为独特。如对比、联合、分离、接触、叠加、透明、覆盖、放射、聚敛、渐变等，引起不同的感觉，可以表达不同的设计意念和形式情趣。

抽象表现插画作品在设计手法上多采用象征、对比、隐喻、意象等表现方法，用以带动人们的记忆运转和思想表述，进而引起人们精神层面的联想或想象。其主体理念表达的关键在于对所附加事物的正确选择。当这种概念式的理念与现实结合的时候，其现实部分必定与概念有着紧密且不可替代的联系，而这种潜在的联系也必定能够被观赏者所轻易地捕捉到。如果所选事物并无任何代表意义或者是过于个体化，那么设计作品的主题思想显然不能够得到很好地延展

和强化，其功能性和传播性都会大打折扣。其对于色彩表情的重视也是此类插画的重要特点之一。设计师必须熟知各种色彩、色调的搭配所能产生的情感变化，比如黑色具有神秘感，红色具有奔放感，黄色具有单纯感等，通过对这些色彩情感的调控，能够使原本抽象、丰富的画面思想更加深入、精准地从画面中体现出来。其色彩表现大多呈现出一种界限模糊、层次渲染丰富、色调搭配复杂的画面效果。其所选用的色彩明度、纯度都较低，色相变化主观性强，使观赏者能够通过色彩的视觉感知并体会到设计师变化丰富的情感层次和思想状态。从一定程度上讲，抽象表现插画作品，色彩比造型更加重要。

三、超现实主义表现

"超现实主义"1920年兴起于法国，主要是将意向做特异的、不合逻辑的安排，以表现人类潜意识的种种状态，对于视觉艺术的影响力深远。探究此派别的理论根据是受到弗洛伊德的精神分析影响，致力于发现人类的潜意识心理。因此主张放弃逻辑、有序的经验记忆为基础的现实形象，而呈现人的深层心理中的形象世界，尝试将现实观念与本能、潜意识与梦的经验相融合（图2-14）。

超现实主义在现代绘画上表现为创作虚实相交的境界，非理性地完全潜意识地自由抒发；追求超越时间和空间的永恒感。它是一种纯精神的无意识行动，

表达了插画家思想的真正想法。超现实主义表现的插画致力于创造一种新的现实，一种超越了生活的现实。超现实主义，就是一种以梦境、虚幻等为创作灵感，以创造一个拥有独特视觉感受的怪异世界为目的的表现形式。时尚插画中的超现实主义的表现就是将插画中的具体形象进行重新组合，呈现一种矛盾状态或者矛盾空间等。这种风格往往能够产生强烈的视觉冲击力和心理感受（图2-15）。

商业插画设计的超现实风格来源于现代艺术中的达达主义、超现实主义和抽象派，是一种具有强烈个人感情色彩的设计风格，主要突出商品或服务的特性，采用夸张的手法表现设计的目的。一般来说，超现实的商业插画设计风格在现实的商业插画设计中较少使用，因为商业插画的受众为一般消费者，一般消费者的审美水平和接受程度决定了商业插画设计者在选用设计风格时，不能随心所欲，必须针对特定的消费群体。因此，超现实风格在一般的商业插画设计时较少采用，但是针对特定的商品或服务时，为了突出商品或服务的个性，往往会采用超现实的风格，以达到吸引消费者关注，实现商业宣传的目的。

插画艺术与绘画艺术有着亲近的血缘关系。插画艺术作为绘画艺术的一个分支，传承了绘画的特性。自然的，超现实主义插画也顺理成章地具备了超现实主义绘画的特性。

超现实主义插画最大的特征就是来源于艺术家本能和潜意识中的反逻辑及非理性的"反常"。这些插画打破了来源于现实生活中的一切秩序，打破了时间、空间的束缚，无边的想象力将生、死、梦、现实、过去、未来、生活中的一切物质反常地结合在一起，制造出怪诞、梦幻的视觉场景，但其中却又内含哲理和机缘巧合。在一幅画中宇宙可以变得很小，存在于一个杯子中盛开的花朵也许是个猪的脑袋。方块状的眼睛可以漂浮于整个空间。大鱼的背上长出两棵大树，在树间的小屋中，小鱼一家开始了今天的晚宴……我们在欣赏超现实主义插画时，会发现其中的很多元素或来源于日常生活，或由身边的元素变形进化而来，这些来源于生活的元素就是超现实主义插画中"现实"部分的体现，而"超现实"即虚幻的部分则来源于艺

术家的潜意识再现，也是超现实主义插画中想象力和创造力的表现。"现实"中有"虚幻"，"虚幻"中又包含"现实"，你中有我，我中有你，看似荒诞怪异，其实又蕴含意义，超现实主义插画与超现实主义绘画一样，它所使用的材料都极为"真实"，而这些材料构成的场景又极为"不真实"，在这种视像的冲突中裂变出隐藏其后的意义，这就是超现实主义插画中的"反常合道"，也是超现实主义插画的真正魅力所在。

相对于超现实主义绘画而言，今天的超现实主义插画在表达方式上走得更远，更加无拘无束。多流派、多元素、多手段的融合，特别是电脑技术的加入，让超现实主义插画的创作手段更为丰富多样。其中手绘与电脑的结合创作成了一种全新的插画创作方

图2-14

图2-15
学生俞宏征作业

式，发挥出二者各自的优势，手绘保持了插画的原创性及绘画感，电脑技术的加入则增加了画面的张力和表现方式，超现实的视觉效果在两种方式的结合中得到了更为淋漓尽致的展现。

四、装饰表现

装饰表现类插画在中国有非常悠久的历史，如中国传统纹样、版画、皮影与剪纸等。这类插画具有非写实性绘画的形式特点，它偏重于表现、写意，强调的是一种主观感受，富于浪漫主义，多表现主观时空，注重表现形式的装饰性，一个点、一条线、一个抽象符号、一两块色彩都在表现设计思想，更易形成不同于现实世界的视觉效果，带来强烈的视觉冲击力。装饰表现风格的插画作品的灵感来自于对多种图像形式的组合运用，其表现内容不限，可以是时尚饰物，也可以是人物图像，又或者是各种事物的综合运用。受到强烈视觉效果吸引的观赏者，能够按照设计师有意安排的合理顺序来进行画面内容的读取，分析和理解各部分图像的内在联系和本质特征，从而确定插画作品的造型手法与视觉概念。装饰表现不是直观的再现对象，而是将对象以艺术的手法加以选择概括和夸张变形，强调画面的美感和装饰效果，绘画的基本语言元素，点、线、面、色遵循着美的规律在画面中展开创造。装饰风格作品体现了艺术家的个人风格和个人情绪（图2-16）。

装饰表现风格插画就是将装饰绘画的这些显著特点融入装饰风格的插画中，使原有的插画具备浓郁的装饰味道和装饰的趣味，形成特有的现代装饰风格插画。这类插画习惯运用夸张、概括、提炼、变形等一系列法则为一体的表现手法。它特有的装饰性，是因为它特有的表现形象脱离了客观事物，并与客观事物保持了一定的距离，是客观形象的主体再现形式，形成一种抽象的表现形式，并且具有一定的规律。装饰造型主要是通过平面化、简化、夸张、变形等手法对画面进行处理，形成特殊的造型特征。

1. 装饰表现插画的视觉形态

平面化是装饰造型当中最为基本的创作手法，是

对客观的事物形象进行提炼和概括，使创造出来的形象平面和单纯，体现形象当中的共性特征，并将特征进行放大，使表现形式通俗化。简化是指在形象的处理中去除烦琐的部分，只留简单的特征，但要突出其形象特点，这种强化形式感的方式是最为基本的方法。形态上的简化是艺术追求的最高境界，对视觉形象进行艺术概括加工。夸张是为了更好地突出形象，是对象在形象上的强化处理，强调和夸大某一方面的特征，放大视觉美感，从而增强艺术趣味和品位。变形是将绘画对象进行形式上的变化或是扭曲的艺术处理，装饰风格表现插画，必须要经过整体风格到造型形式的转变，将形象按照装饰绘画的形式和规律去处理，用装饰的手法去表现，这样的装饰语言才能带来美的视觉享受。此类题材多运用于杂志、书籍等传播载体之中，对于观赏者来说是非常具有审美价值和时尚倾向的形象化艺术之一（图2-17）。

2. 装饰表现插画的视觉特性

（1）生动直观的表现力。装饰是指对客观事物按照一定的思路，利用不同方式，如在外表添加纹饰或色彩等，达到美化的作用。用文字难以表达和阐述的信息思想，借助于绘画图形可以达到瞬时沟通的效果。装饰插画在视觉传达方面，具有直观生动的艺术感染力。人们在审美中不仅可以直接获得创作者要表达的信息，同时也是一种非常有效快捷的宣传手段（图2-18）。

（2）强烈的视觉效果。装饰表现插画的图形创作不是对客观事物的重现，而是利用提炼、夸张和变形等一系列方式，对客观形象的抽象化再现，具有浓厚的主观色彩和艺术气息。因此，装饰插画常常会以抽象化、图形化、符号化的造型形象作为手段，对事物做特定的艺术处理，并且有目的地强调其中某一方面的特征，以强化视觉效果，从而增加艺术趣味。强烈的视觉效果会吸引人的注意，给人留下深刻的印象。这一特点恰恰迎合了市场竞争者的需要（图2-19）。

（3）整体与局部的和谐。装饰表现插画的形成过程既要适应客观的自然形象，也要展示主观的艺术形象。从艺术构思的归纳和提炼，到对其进行取舍，既要保持独特性，也要适应插画中的共性特征。不能违

图2-16

图2-17

图2-18

传统节日插画

图2-19

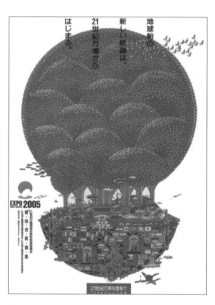

图2-20

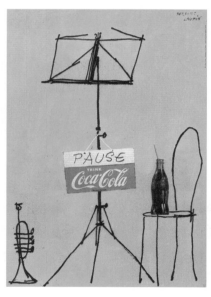

图2-21

背装饰形式的规律和法则，必须具有整体与局部统一和谐的美感。但是一些商品为了博得消费者的眼球，突出夸张的造型和直观的画面感染力，忽视了装饰表现插画的整体造型风格，这并不是明智之举，也难以给人带来真正的艺术审美享受（图2-20）。

（4）**鲜明的文化符号**。当今社会的多元化发展趋势逐渐加快，面对层出不穷、琳琅满目的装饰表现插画和绘画图形，创作者如何把自己的作品打上特殊的印记，让人能一眼辨认出这是自己的作品，是许多市场竞争者的追求目标。目前已经有许多成功的案例，如一些品牌的商标、Logo被消费者熟知和追捧。在信息时代，装饰插画在为商业服务的一个重要方面，就是作为一种鲜明的文化符号和艺术语言。因此，需要具有强大的渗透力、辐射力和视觉吸引力，以此加速商业品牌和产品的宣传和推广（图2-21）。

图2-22
卡通

图2-23

五、卡通表现

卡通，原来是指政治类或一些讽刺的漫画，泛指对创作者所表现的对象不是使用传统的或写实的手法，而是运用夸张、变形、归纳的手法来处理的一切视觉作品。卡通表现是观者最为熟悉和最常接触的插画形式，卡通作品以漫画和动画为主，多数颜色比较鲜艳，画面主题一般是可爱的动物或人物形象，造型可爱，比较容易被大众接受。卡通表现风格能够带给观者更具有趣味性的视觉感受，幽默、活泼、可爱并极具个性，运用卡通手法可以将插画创造营造良好的氛围（图2-22）。

卡通表现风格的插画十分重视趣味性的表达，多用于儿童读物或用品上，只有有趣的插画才能吸引孩子们的关注和兴趣。这种表现风格不仅仅受到小朋友的欢迎，也受到很多成年人的喜欢。运用电脑这一媒体进行表现，它在形式上不但时尚而且具有流行意味，同时反映当代社会现状，具有发掘与再现社会本质的能力。明快的色彩，卡通的三维形象都是孩子们喜欢的元素，这样的设计能够在瞬间吸引孩子的眼光，达到其商业目的。卡通表现的插画在画面设计上更具有自由度，也更能满足观者的不同需求，同时也融合了设计感与美感的特点，能更好地吸引观者目光，并给观者留下深刻印象（图2-23）。

卡通表现风格在插画作品中应用最为广泛。不论是欧美风格还是日韩风格的卡通在各种媒介上广为运用。卡通表现风格拥有它特有的亲和力和创造力，体现一种角色的互换，人们能够在卡通世界实现自己孩童时代的梦想。现在并不仅仅是孩子们喜欢卡通，大人也沉迷其中。在日本卡通动画作为一种朝阳产业已经一跃而成日本的第二大产业。在中国许多卡通风格的动画、游戏、漫画都广受欢迎，喜羊羊与灰太狼就是其中的楷模。

卡通表现风格是商业插画设计时采用动画人物的形式来表达商品或服务的特性或者吸引消费者的关注。卡通的商业插画设计风格在当前的商业插画设计中运用非常广泛，因为，此种风格广受消费者受众的欢迎，从幼龄儿童到耄耋老人都能够接受。目前，卡通表现风格运用的最多的是在动画片产业中。不过目前随着传媒业的发展，卡通表现风格的设计也运用在杂志、互联网、儿童读物上。在此背景下，卡通风格的插画作品发展前景大好。

六、其他表现

1. 时尚表现

时尚表现风格插画是一种将时尚文化、设计、绘画三种形式相结合的插画风格。其题材通常是指那些表现了都市生活人群的场景，如购物、休闲娱乐、运动等，提倡休闲的、时尚的生活方式的一种插画类型，尤其是表现随着经济急速发展进而兴起的消费文化。画面充满了时尚的画面元素，人物造型创作上多为一些非常潮流的女性人物，具有很强的时尚特征和商业特征，符合现代人群的生活品位和审美理念，能够很快吸引观众的视线，满足众多时尚消费者的审美需求。此类插画主要刊登在时尚杂志、网络媒体等传播载体之中，起到一定程度的引导消费观念的作用（图2-24）。

随着社会的进步，经济的发展，物质文化极大地丰富了人们的生活，人们开始更加关注流行时尚文化、流行音乐、潮流服饰、时尚圈里流行的时尚元素越来越被大众所接受，并喜闻乐道。插画艺术更少不了与时尚搭上边际。作为一名插画艺术创作者，更不能忽视我们身边社会上流行的时尚信息，我们需要更多地了解时尚，了解时尚圈正在、将要流行什么，我们关注并捕捉时尚信息和元素，并从时尚中汲取插画创作的灵感。通过将时尚元素进行艺术的提取、夸张、变形、再加工，并将其适当地应用到插画艺术创作当中去。将时尚作为插画创作的着眼点，观察时尚圈里流行什么，准确地把握时尚的不同的角度，是复古还是新潮，也许在这里它们都只是同义词，无论是从时装还是首饰或者其他时尚具象的事物，我们都可以找出它们的特点，从而抽象出来，或具象或夸张变形地运用在插画创作之中。这样创作出来的插画艺术才更具多元化、时尚感。

时尚表现的插画作品在设计形式上趋向于简洁、大气、充满美感，具有强烈的设计感，它既有独特的设计形式又有美的展现，能很好地抓住观者的眼球，在想要突出的关键元素上会带给观者眼前一亮的感觉，让观者在进行艺术欣赏的同时，也能被画面的美感所吸引，产生强烈的向往和欣赏，对作品留下更深刻的印象（图2-25）。

时尚表现风格主要应用在商业插画领域中，在相关女性产品或服务上，商业插画一般是在各大商场卖场的招贴画，或者是相关时尚类产品的宣传册上。在具体的设计手法上，时尚风格多采用矢量或者拼贴的方式。矢量方式能够充分表现出图形的美感，充分利用矢量的几何性特点来绘制图形。拼贴是运用多种材质，甚至是风格截然不同、性质迥异的图形颜色融汇在一起，形成视觉上时尚流行的感觉。

2. 梦幻表现

梦幻是人们内心活动的一种特殊方式，一种思想深处的"意识流"的图像，是思维中的一些零散的、不完整的碎片，是被梳理过、抛弃过的感觉和印象，是人的心理化了妆的形象反映，折射着人们的喜怒哀乐和梦想憧憬。这种"意识流"的图像，时而超越时空，出神入化；时而美妙绝伦，充满了浪漫情怀；时而畸形夸张，有无限的想象力，有着一个极为广阔的空间，让人的思绪自由驰骋。

在现代插画设计中，梦幻表现已广泛运用，使这种无理性的潜意识的释放而衍生出的自由时空发挥到了极点。一切都是流动的，似梦似幻的，处于一种断断续续未完成的状态，调动你去参与，去体验。梦幻

图2-24

图2-25
学生杜晶晶作业

表现的插画更加脱离现实、更加强调一种纯粹的形式美感的表现，充满了浪漫主义的情趣，给人以极大的自由想象的空间，更深刻地揭示了人们心灵深处的希望与欲求，有助于深刻地表达设计主题（图2-26）。

梦幻表现的插画形象虽不是现实的，但是绝不是毫无根据的胡思乱想，要有所依据。我们始终要记住：梦幻性形象的运用，仅仅是为了更真实、更充分地表达设计主题服务，否则就会变为毫无任何意义与价值的梦幻之作。这一类题材大多与一些杂志、网络等娱乐性较强的传播载体相结合，其主要目的就是为观赏者带来视觉的愉悦性和精神的满足感。其创作元素受主流审美品位和社会文化的影响较大，是随着满足大众化艺术品位提升的要求而逐渐发展起来的。

3. 幽默表现

幽默表现是从幽默漫画演变发展而兴起的一种插画风格，受当代数码技术的影响，幽默风格的插画表现方式更加多样和细腻。在幽默表现的插画中，各类调侃，夸张幽默的人物造型和形象以其独特的艺术趣味和轻松、愉悦的视觉形式吸引着人们的视线，深受广大观者的喜爱（图2-27）。

幽默是一种高度个性化的品质，是无法用金钱买来或通过模仿获得的。幽默性的表现形式具有打破常规的独特个性，把人们原本非常熟悉的形象通过某种夸张的处理产生令人忍俊不禁的效果，让读者在轻松愉悦的氛围中了解作品的内容。幽默的作品通过曲折、含蓄的逆向思维方式创造意料之外的趣味性景

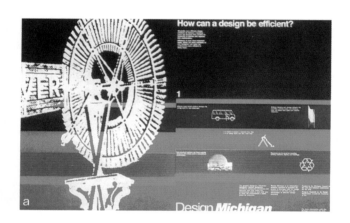

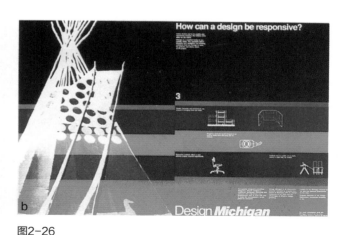

图2-26

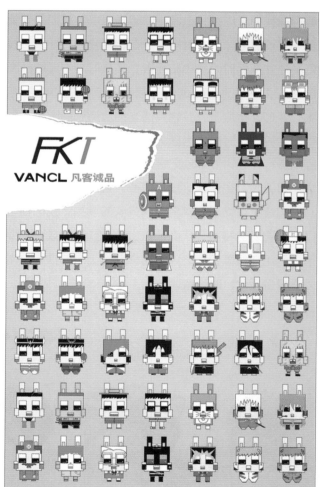

图2-27
学生俞红征作业

象，给人滑稽可笑、漫不经心、诙谐有趣的感觉，令人们印象深刻。

幽默是使人轻松、愉快或者滑稽的情绪状态，是生活中不可缺少的部分。一般幽默是以善意的微笑，运用比喻、夸张、置换、对比等手段，以反映社会日常生活中某些现象、焦点问题和凡人小事或者是以其情感上的丰富变化来含蓄地、间接地传达出一种意念或者信息。在生活节奏不断加快和生活压力不断增大的当今时代，一种幽默的插画形式将在欣赏的愉悦中带给观者富有寓意的思考，从而博得观者的会心一笑，让人回味无穷。幽默的表现风格往往经常运用有趣的情节、滑稽的形象，把事物的矛盾冲突戏剧化引人发笑而又耐人寻味的幽默意境。幽默引发的笑是一种宽容的、轻松的善意的情感表达。

幽默性的表现形式越来越受到插画设计师的青睐。借助幽默的表现形式进行插画创作，要求插画设计师自身具备捕捉人们在日常生活中一些可笑元素的能力，通过各种不同的题材及要求，恰当地使用幽默性这一表现形式，准确地把人物、动物等个性表现出来。插画设计师只有合理使用其独特的视觉表现语言，将事物的特征进行趣味性的夸张，创作出诙谐、幽默、睿智的作品，才能使受众在欣赏的过程中以愉悦、轻松的心情去接受一个严肃的观点。

4. 唯美表现

我们伏案思考什么才是唯美表现插画的时候，其实它就存在于我们追求美的思考之中，在天马行空的美好幻想中，那种超脱于现实的美好人物或者事物都可以跃然于插画创作的画面里，纯粹的美感不刻意于形式是否真实，也许这样的唯美主义的插画就是唯美表现类插画。唯美表现风格的插画艺术常常表达出作者单纯的对美、对美好世界或者虚拟世界的强烈渴望和感受，其中更是透露出超现实的美感和虚拟现实美的视觉冲击力，这样的艺术风格一般不会表现市侩习气、社会功利哲学，甚至是与视觉美感相悖的精神理念和客观事物元素，它描绘的是唯美的超脱艺术效果（图2-28）。

在唯美表现风格的插画创作中，秉持着"唯美至上主义"，或多或少会抛弃一些反映事物真实的传统

图2-28

审美，更多的是超现实的营造虚拟夸张美感的画面，将我们所想象的美的信息进行艺术再加工，通过绚丽的、梦境般的色彩和虚拟科幻艺术化的场景的设置布局来烘托"唯美"的艺术氛围。让画面如同在神话传说般的梦境里飘逸，其画面的效果又决然超越了绘画艺术本身，带给人温婉、优雅、唯美的视觉盛宴。

第二节

插画设计的表现手法

随着时代的进步，全球经济的迅速发展，人们的物质生活水平正在逐步提高。经济生活改善的同时，人们的精神文化层面和审美品位也都在不断地提升。在当今视觉环境插画设计中，表现技法的探索已成为设计师创意表现成功与否的重要储备。插画设计中，如何创造出具有创新性的图形语言形式成为设计学科的重要课题。研究插画艺术的技法与形式的目的在于

在现代设计中探索更多的表现技法，使得现代平面设计的表现力更加丰富。可见，设计活动实施最重要的手段就是通过视觉语言形式，现代平面设计的实施过程就是对于视觉形式的不断索。在设计过程中，系统了解插画艺术的风格、技法、形式等要素，并使之应用于视觉环境设计中，必能使得设计师的表现力更加富有张力。插画艺术对于现代人类生活有着多层次、多角度的观察与体现。

插画要具有独立的审美价值，创意表现技法是插画设计的设计基础，在创作过程中，必须要求设计师在创作的过程中明确了解插画的表现手法的不同特质，这种分析与论证提供给设计师和插画家一种创作的方法和语境，解决当前设计师所关注的如何寻找到新的设计语言表现途径。打破思维的界限，突破过往传统造型元素的禁锢，吸取各种艺术形式的表现手法，通过不同的表现技法来传递作品的中心思想，同时为观者营造具有创造性或趣味性的画面效果。设计者创意的表现技法是由联想、暗示、拟人、夸张与变形等表现技法所组成，不同的创意表现技法能带给观者不一样的画面效果。另外，观者接受画面信息的方式也不相同，有直接的、间接的、具体的、抽象的……多种表现技法能使设计作品表现得更具设计感和个性化，使作品更容易被观者注意。

电脑数字化的日益更新，将市场经济推向繁荣，插画艺术成为商业化中不可或缺的部分。插画也从单一的书籍插画延伸到各个领域，网络的传播也使插画的应用更为广泛，使插画的传播面更为广泛，加之与多媒体和动画产业的结合，使插画的多样性和个性化的表现手法不断进步。

1. 插画设计的表现形式

随着时代发展，人们的审美需求越来越高。插画以其独特的艺术表现力带给了人们新鲜的审美体验，加速了视觉信息的传播效果。表现形式的成功与否直接影响视觉信息的传递效果，是推进视觉艺术传达发展的重要部分。

（1）**通俗性表现形式**。通俗性表现形式对插画的成长和发展起着积极的作用。在经济全球化的信息时代，插画需要容纳多个国家、地域的文化，在短暂的时间里引人注目，准确传递出内涵，并得到观众的理解与喜爱。如今的商业插画在选择设计元素时，通俗性表现形式的作品较为普及。原因是现代人的生活节奏快，通俗的插画易懂，信息能够顺利地与观众进行交流。所以，插画创作需要遵循大众的审美口味，挖掘人们习以为常的信息元素加以利用。成熟的插画能够使人一目了然，传播信息的效率高。

（2）**形象性表现形式**。插画作为视觉艺术中的一种，扮演着传递思想、信息的角色。其与语言和文字相比更直观、生动与形象。一幅成熟的插画能在几秒钟内表述出复杂的内容，让观众一目了然。由于在对产品特征作表述时，一些外在的特征容易描绘，但是内部的特质则相对较难描述。特别是有些较为曲折、隐晦、抽象的概念，就更不容易表达。此时，就非常需要通过插画的形象性表现形式将这些概念视觉化。插画通过形象化的表现形式，把复杂抽象的思想观念呈现在大众眼前，使不同文化程度和年龄阶段的人们轻松达成共识并理解内涵。

（3）**趣味性表现形式**。趣味性是一种极为巧妙的设计手法，它通过曲折、含蓄、夸张的视觉语言，让人们在视觉趣味中感悟形象的合理性。这是一种极富感染力的艺术表现方法，是视觉艺术戏剧化的表现。它的幽默在于荒诞调笑中的合理，让人在会心一笑间体会内涵。为了能够吸引观众的眼球和获得艺术市场。趣味性成了插画在平面设计中最主要和最突出的表现形式。在汹涌而来的海量信息面前，人们容易被形象生动、富有趣味的视觉作品吸引，而且优秀的作品既能传达出插画设计师的设计理念和艺术观点，又能使观众在观看后放松，留下生动有趣的印象。

一幅优秀的插画作品可以通过图案的色彩、形象使作品和谐整体，具有美感和艺术性，同时又能让复杂的理念和属性内容，在淡淡的趣味性中得以直观、准确地展现。插画用趣味性的表现形式来展现内容，使人们容易兴奋、为之触动，产生共鸣。

（4）**创造性表现形式**。面对不同的客户和受众，插画创造性的出发点具体表现为以全新的视角和观点结合时代背景、市场环境和受众进行分析，提出富有新意的见解。插画设计师通过通俗的视觉语言符号，创造全新的艺术语言，并以创造性的思维为支撑，利用视觉符号以及相关的视觉语言，探寻新的艺术表达形式。直观、灵活、巧妙、情感化地表现自己对事物的认识和观念，从而实现有效传递信息的目的。由视觉符号的深层联系，揭示出事物属性关系、意义等语义内涵；用全新的角度、全新的表达形式和突破性的概念延展作为视觉创造性的追求。这种全新和突破性是在传达共识要求下的一种创新度的把握，要做到恰到好处。太过则使人们面对全新的视觉形象无所适从，引起理解混乱，不能够明白要传达的内容，而当这种创新度欠火候时，则缺乏新鲜的形象刺激，过于老套、庸俗，不能够引起人们的关注。因此，必须创造一种出乎意料的但又合乎情理的效果。

（5）**多样性表现形式**。多样性表现形式，是指在同一时代背景下对相同的主题有不同的设计理念形成的艺术形式的多元化、艺术元素多元化，或同一设计形式通过不同的设计手段进行延续和表现的多样性体现。魅力十足的插画作品常常可以做到多种艺术元素共存，产生良好的观赏效应，将艺术活动推向一个新的高度。

全球各地不同的文化使世界变得丰富多彩，在多样性文化的环境里，多元化的艺术元素丰富了插画艺术的形式，使它具有了更强的艺术生命力。

时代飞速发展，人们对美的追求与体验感要求越来越挑剔。在这一趋势下，插画表现形式的运用与发展将直接影响视觉信息的传递效果。作为新时代的插画艺术设计师任重而道远。

2. 插画设计的技术影响

数码科技的不断发展，为新的宣传模式创造了更多可能性，同时也拓宽了插画的表现形式。数码技术的加入使作品获得了更好的视觉表达，让人回味无穷。科技与艺术的结合总能迸发无穷的魅力。新世纪成长起来的插画师们利用身边这些科技产品，数码摄影机、单反、打印机、平板，甚至只是手机进行个性处理。也因为载体的发展让插画不再只停留在纸质和木板上，网络、服装面料、工业制品、虚拟产品、商业场馆等都是插画的载体。国外一些插画师利用手工制作的折纸、布纹实现了插画风格的多元化。传统的

文化传播依赖纸媒，随着大数据时代的到来，时尚插画逐渐向数字化发展，这也得益于数码与网络技术的成熟，印刷与摄影技术的发展。印刷技术与喷绘技术为时尚插画的发展提供了有力前提，让插画更适用于现代化的传媒载体。插画创作者们选择更多可以利用的资源来进行艺术创作，通过运用现代数码技术，他们可以方便地模拟出真实的艺术效果。例如：SAI，Illustrator，Photoshop，Painter 等功能强大的软件，插画设计师可以根据不同条件下对于图片的处理选择软件。这些软件的推广和使用为插画创作提供了更多的便利，也开拓了他们的创作空间。与此同时，新兴的3D打印技术等，也让插画创作者们不再满足2D平面，开始出现UI 设计、3D的插画艺术。越来越多的奇思妙想，丰富着插画的艺术表现形式。

3. 插画设计形式的交融性

艺术从未停止创新，从20世纪末，艺术风格百花齐放，和谐发展，不同文化之间相互影响、相互渗透，新的艺术表现形式便得以诞生，这对插画设计的发展同样意义非凡。插画作为一种艺术设计形式，在各个领域开始广泛运用，而其他艺术形式的介入与交融让插画艺术发展壮大。一些设计师开始尝试将灯饰、剪纸、缝纫、雕塑、珠宝设计、建筑等艺术形式融入插画设计中，打破人们对于插画艺术的传统认识，为插画艺术发展注入新鲜的血液。而另一些插画创作者仍然坚持着传统的画风，无论是在水墨、油画、丙烯、水彩、壁画、铅笔还是版画等，通过保持真实的绘画感觉和技法表现形式，坚持着具有浓烈传统的插画艺术。更难得的是一些插画创作者在保有手绘的同时，利用电脑设计进行后期的修饰加工。让插画既保留了传统的画风，又古今结合，现代感十足，形成了很强烈的对比效果，是一种现代科技的二次创作。这种有机的结合让插画艺术得到发展，体现了与时俱进的艺术发展理念，这恰恰是现代新锐插画的革新表现。

4. 商业与社会文化对插画艺术表现的影响

以往商业插画可以分成四个部分：随处可见的广告商业插画、传播企业与活动的可爱吉祥物设计、传统纸媒的插图和绚丽夺目的影视游戏美术设定。现代

插画受到社会文化的冲击，加上商业的需求，使时尚插画在更广阔的领域得以运用，诸如服装设计、网页设计、公众号推广、影视多媒体等。从古至今，插画艺术的创作与商业和社会文化的发展息息相关。插画表达当下年轻人的欲望，这种更强调设计者自我，画面饱和度高，颜色夸张大胆，画面丰富的表现形式也让插画艺术的表现形式得以丰富。反映出新世纪的年轻人在高学历覆盖和社会压力下对于内在的叛逆、不从众的向往；插画艺术同样鼓励奇思妙想，插画艺术的多元与包容让插画创作者可以开展天马行空的想象，他们颠覆传统，没有既定的线条和格局，看似混乱又达到了强烈的个人风格，乱中又有条理，他们表现得淋漓尽致，达到了一种理想的创作状态，让观赏插画的人可以像漫步在插画精神世界里一般的新奇自由。此外还有拼贴手法，拼贴作为一种较新的插画表达手法，材质有纸张、布匹、石头等实物。在制作拼贴时，我们可以大致勾勒出制作物的形象，再通过对不同部分的肌理、颜色、风格、大小、疏密等进行处理来达到各种组合的可能性。实物的拼贴需要收集不同的材料来制作、摆放，然后进行摄影，最后借助计算机的后期制作等。

5. 插画艺术表现手法研究的意义

长久以来，插画以其内涵深刻的图形寓意及表现手法，汇集了读者或受众的关注、青睐与重视，插图的功能及作用因此得以彰显。插画是借助广告传播渠道进行宣传，它的推广覆盖面很宽泛，引发的关注率与点击率比绘画艺术高出许多倍，使广告宣传达到了比较高的关注，产生了巨大的经济效益和价值。但当商品内容需要更新换代时，插画的使命便将告一段落。但短暂的时间，它所产生的艺术感染力与推广作用是绘画所不能比拟的，插画的辉煌影响真可谓"无与伦比"。

近年来，当国外插画艺术进入我国市场，使国内插画受到一些风格及文化的影响与冲击：如，美国的插画由于起步较早，早已形成了较规范的行业体系，插画市场运作非常专业规范，竞争也比较激烈，社会认知度比较高，插画设计师职业受到尊重与重视，收入也较高。日本与韩国的数码动漫插画产业，也已

进入成熟与发达阶段，他们把插画市场的触角目标延伸到世界各地，在各地都有着美、日、韩插画成型的商业机构与市场占有份额。我国的插画，吸收了各国插画的优势，正在逐步地完善与发展，努力地在自成体系。但是，仍存在着许多的问题及软肋。比如：首先，我国插画的专业起步较晚，插画的商业性与本土文化融合速度慢、数字时代民族精神内涵缺失；其次，插画设计的后备人才力量不足，设计还没达到一个相当成熟的高度，有些插画欠缺表现能力与娴熟的技巧；再次，社会认知度不高及支持力度不足，插画表现手法需更新换代、对设计文化传播力度需要加强。因此，对于插画艺术领域的拓展性研究，势在必行，具有非常重要的时代意义以及商业价值。

一、描述法

描述法是指时尚插画把信息做视觉化的转化，描绘出的含有信息内容的形象和画面。时尚插画运用描述性的语言，由描述的技能即造型的准确性，娴熟的技巧、对工具的掌握和运用等构成先决条件，针对信息内容作描绘。描述法体现为将信息内容以视觉形象来表现，用艺术处理的手法来创造新的形象和渲染画面氛围，是时尚插画能否给人以视觉和心灵震撼力的关键。虽然在描述技能方面与绘画艺术相同，但因需要适应特定的传达目的和传媒的要求，描述技能需要有更多的手段，形式语言需要做更多的变化（图2-29）。

图2-29
学生于丽君作业

二、夸张法

插画创作中的夸张是以现实生活为依据，运用丰富的想象力和各种对比因素及变形等方法，对画面形象的某些典型特征加以夸大和强调的一种表现手段。将画面事物用夸张的表情或动作进行展现，并且通过结构变形的表现手法展现事物的形态，给观者带来更为神奇的画面效果，这样的表现技法能增强画面元素的新鲜感和表现力，能带给观者前所未有的视觉冲击，突出事物的本质特征，从而加强表现效果。夸张把平淡无奇的事物做艺术化的处理，化平淡为神奇，把原物的形态和大小等特征，利用变形或比喻求得神似，达到既超越实际又不脱离实际，既新异奇特又不违背情理的境地。为作品注入了浓郁的主观色彩和感情，使其本质更突出，特征更鲜明，常常能取得惊人的效果（图2-30）。

图2-30

采用夸张这种方式进行创作的插画能够增强画面的幽默感和趣味性。通过虚构把对象的特点和个性中美的方面进行夸大，赋予人们一种新奇与变化的情趣，使视觉形象的特征更加鲜明突出、动人心魄。艺术家运用联想去创造不同于现实的具有夸张意味的视觉形象、传播信息；观众则用联想了解形象、接受信息。通过丰富的联想，突破时空的界限，扩大艺术形象的容量，从而加深画面的意境，让观者在无限遐想的同时又去深刻思考。这种表现也要极富幽默感，幽默的画面形式是由轻松、幽默的心态滋生出来的，其目的是轻松地把生活的感受表达出来，以营造出搞笑诙谐、幽默的气氛。具有幽默感的夸张表现，使得创作物象以更加特立独行的视觉形象面对受众（图2-31）。

夸张技法是插画作者的一种主观意识行为，夸张要注意适当的尺度，要以现实生活为依据，并受人们对现实生活感受的制约；做到既出乎意料，又在情理之中。要让人明确无误地知道这是艺术夸张手法，是虚拟的真实，而不是客观的现实；是以假乱真，而不是以假代真。总之，不能让人产生误会，否则只会起到反面的效果。夸张性的艺术表现基本上可划分为神情夸张与动作夸张两种不同的类型，神情性夸张是将

图2-31
学生吕彦作业

图2-32

图2-33

人的脸部五官表情予以某种程度的夸大变形处理，而动作夸大则是将人的四肢动作予以某种程度的夸大处理，二者都是人的动作语言的运用。

三、装饰法

装饰法是指在一定的视觉艺术中所呈现的特定表现形式特征。它是集概括、提炼、夸张、变形等一系列形式法则为一体的形式表现语言。装饰图形中的造型形象有其特殊的美感，其之所以具有装饰性，是因为其形象大多脱离客观形象并保持一定的距离，是一种客观形象的主观再现，是一种抽象的形式化表现，并形成一定的系统的形式表现语言，具有一定的形式规律。装饰造型通过形式表达，以对形式的强化为主要表现手段，追求其形式上的美感。所以装饰造型常常是以抽象化、风格化、图形化、符号化的造型形象作为装饰动机，从而形成鲜明的造型特征（图2-32）。

装饰形象大都与客观的自然形象相区别，是人们运用一定的形式法则和装饰语言所创造的主观形象。装饰形象的形成过程是人们认识美、创造美的过程，其间体现着由客观的自然形象到主观的艺术形象，由艺术构思到装饰形式的转化过程，也是对装饰形式规范的一种适应性表达。

1. 平面化与简化

对形象进行平面化处理是装饰造型设计中最基本的方法，而将客观形象进行单纯简化处理则是装饰风格在造型形式上的基本方式。装饰性造型讲究对客观形象进行归纳概括和提炼，使之趋向平面和单纯，体现形象中具有共性的特征，并将其特征放大，使形式手法通俗平和，易于接受。简化，是指在形象处理过程中，去除多余的成分，是扬弃，并对形象做整平化的处理，突出形象的具体特征，是强化形式感的基本方法。

装饰性造型注重对形象的处理在平面的范围内进行，而不重视与对客观形象的真实表达，对于造型的大小、位置、密度、方向及点线面的构成关系最能体现其造型的形式感。形体的简化往往是一种更高境界的艺术追求，化繁为简，取其精华，运用几何化的方法对形象进行概括和艺术加工（图2-33）。

2. 夸张与变形

夸张的作用是将形象突出。是对形象作强化的艺术处理，强调对象某一方面的特征，挖掘和放大其美感，以强化视觉效果，从而增加艺术趣味。变形是将形象进行变换或扭曲的艺术处理，其方法多种多样，可以从多个方面来进行，比如特征的变化、造型的变化、借线的变化、意象的变化等，是对原形的改变和发展。

夸张与变形体现了对形象进行美化和再创造的过

程，是装饰性造型进行艺术再现和视觉表现当中最常用的方法之一。装饰风格的形象，必须经过由整体风格到造型形式的转化，将形象按照装饰形式规律去处理，用装饰语言去表现，这样的形象才可能使人得到艺术的审美享受。总之，夸张是变形的方法，变形是夸张的结果（图2-34）。

3. 节奏与韵律

客观形象大都是多变无序的，有时甚至是混乱的，这就要求对自然形象进行重新地构建和组织，使之成为一种符合视觉心理平衡的艺术秩序。装饰造型十分注重形式的组合的构建，以及产生的作用，尤其强调按照秩序化和条理化的原则处理形象与构成、编排和变化的关系。将图形按照等距格式反复排列，做空间位置的延续和伸展，如连续的点，连续的线，断续的面等，就会产生节奏。韵律即节奏变化的形式。它与节奏的等距间隔不同于几何级数的变化间隔，以重复的一系列的节奏或图形来达到强弱起伏、抑扬顿挫的规律变化，这样具有动感的韵律就产生了。

节奏与韵律往往相互联系、相互依存，互为因果。系列的节奏产生韵律上的丰富，韵律又是在节奏的基础上发展起来的。节奏带有一定程度上的机械美，而韵律又在节奏变化中产生无穷的意味和情趣，如植物枝叶的对生、轮生、互生，各种形象由大到小，由粗到细，由疏到密，不仅体现了节奏变化的伸展，也是韵律关系在形象变化中的升华和发展（图2-35、图2-36）。

装饰法的插画作品具有极强的装饰意味，在设计的风格上也更倾向于设计感，更强调画面的平面化和图案化，并具有较强的审美特征，这类插画经常运用装饰和美化的手法对画面进行设计，同时，运用装饰法的插画还具有极强的个性和针对性，富有独创的设计感。

装饰法是将艺术画的表现手法，如动植物画等运用到商品的装饰中。运用装饰法的商业插画，也被称为低调的艺术画。装饰风格的商业插画，多运用在家具、衣服、布艺、陶瓷等。装饰法的商业插画设计，在表现手法上表现为多用线条和色块进行组合，多用矢量图进行绘制。装饰风格的插画设计，重点在于营造商品或服务的艺术氛围，而不是突出自己的艺术气质，因此，被人称为低调的艺术画。装饰风格的商业插画根本还是为了商品服务。

装饰法风格插画的设计更注重设计者的主观思想在作品中的体现，更强调对美的多元化认识和创造，以更为丰富的想象力和设计感来征服观者。装饰法风格必定意味着饱满甚至略显繁杂的画面元素。如此多的视觉元素会让观者产生丰富、强烈的内心感受。然而为了使这种感受不会演变成压抑、混乱，所以设计师在制作插画时格外注重画面的构图、色彩和元素的层次感。在设计的风格上也更倾向于设计感，更强调画面的平面化和图案化，并具有较强的审美特征，装饰和美化作用对这样的插画作品显得更为重要，同时，装饰表现的插画还具有极强的个性和针对性，富

图2-34
学生陶颖插画设计

图2-35

图2-36
学生陶颖插画设计

图2-37
学生王艺蓉插画原图

图2-38
学生王艺蓉插画图

有独创的设计感。装饰表现插画的设计更注重设计者的主观思想在作品中的体现，更强调对美的多元化认识与创造，以更为丰富的想象力和设计感来征服观者。

四、拟人法

拟人表现技法是通过对物体或动物进行人物特征添加，予以人格化，并赋予其所新的内涵。使其表现得更具人类情感和特征，也更容易引起观者的注意，同时，拟人手法也能增加画面的剧情感，使画面变得更加有趣。设计者根据主题和创意的需要，注重形象的通俗性、愉悦性和审美性，以创造出生动活泼、天真可爱、幽默风趣的形象去传达意念（图2-37）。

在插画中运用拟人化的表现手法进行形象创意，能使画面元素变得更具灵气和活力，并且在造型上也更加可爱，具有一定的奇特感和亲切感，它容易受到大多数人的欢迎，尤其会得到儿童的喜爱。将事物或动物拟人化能为画面增添更多的幽默情趣，在情节展现和画面表现力上更具幽默感，能带给观者更多欢乐（图2-38）。

五、幻想法

运用幻想表现手法的插画作品，其内容题材主要

图2-39

图2-40

来自于脱离现实生活的想象，或者是对现实事物的夸张变形。表现对象多样，不需要遵从于一定的逻辑性和合理性。其内容可以是文学作品中虚构出来的鬼神或英雄，也可以是臆想世界中的城堡或建筑物，又或者是将对于一首乐曲的感受进行视觉化的再现。其题材的多样性还体现在即使没有特别的现实意义，但只要具备一定的欣赏价值或审美价值就都可以用来以视觉化的艺术形式语言体现出来。这一类插画主要用于杂志、绘本、动画制作等传播载体中。

幻想法插画由于表现主题的虚拟性和抽象性，多以象征、幻想、戏剧化、装饰化等造型手法表现。设计师在创作之前需要有一定的素材积累或感官体验，获得一些比较明确的感受或想法，从而将其运用到插画作品的制作之中。虽然有时没有明确的功能性意义，但是即使只是用作装饰意图也要传达给观赏者一定的画面感受或情感导向。比如喜悦、悲伤、愉悦等画面气氛的感染，也可以说是一种心灵的慰藉。这些艺术效果通过画面布局、色彩搭配等造型手法表现出来，因此，越是较为抽象的表现题材，设计师越是需要具备对色彩、构图、线条等因素的掌控能力（图2-39）。

幻想风格的插画多表现一些现实中并不存在的题材，可以描绘出传统手绘插画无法表现的一些复杂效果，主要有奇幻和科幻两类。奇幻风格类题材主要来源于神话传说或者虚构的奇幻小说，这种风格插画边线比较自由，设计师有较大的艺术表现空间，他们可

以充分发挥自己的想象，天马行空般的创造属于自己的画面意境。这种风格被广泛应用到游戏海报、游戏角色设定、幻想电影、动画艺术中。值得注意的是，将幻想法融合一定的实际理念，再以一定的象征手法表现出来的作品，更能引起感性因素的充分调动，其效果必定事半功倍（图2-40）。

六、意象法

人的情感创造了艺术，反过来艺术又丰富了人的情感，二者是互为动力的关系，艺术是人类情感和精神生活的创造性表现，因此，通过视觉存在的表现语言并不是孤立地依附于形象或内容，在很多时候，形式本身也表达着文化内涵，承载了精神的力量。视觉，当我们知觉其美时，尤其是其内在所传达的文化心理哲学精神或是创作者作为个体情感的精神的真实抒发与受众共鸣时，于是心灵得到了沟通，便有了广袤的情感和震动，所谓因为懂得所以怜惜。因此，现代插画的"意象"在作品中就变得尤为重要，作为心灵的触角，它起着核心的作用，是作品的灵魂，引领着时代精神（图2-41）。

"意"是指作者审美关照和创作构思时的感受、情志、意趣，"象"指出现于想象中的外物形象，是意的依托之物，往往通过图形或符号来表现，但这种造型展示的形象，具有超越本身而含有某种意义的功

能，有着更深层的间接性和更深广的意义。"象"与表现创作者的情感"意"的结合，"意象"便是使用象征、隐喻表达与作者相关的主题、情绪。物象、表象到意象的心理活动是一个互相渗透的、往返流动的、不停顿的运动过程。物象和表象伴随着情感而被加工改造成意象。意象的这种情感表达在现代插画中被创作者们运用，由于创作者们表达的主题、情感的不同，因而不同风格类型的插画就有了不同的意象表达，即使同一类型的插画，因表现意图的不同，意象表达的主观性也就因人而异了，不可能一一赘述，现就插画家们创作的不同类型的插画简要分析一下其意象表达（图2-42）。

现代插画中的奇幻插画，插画家们以现实存在的物体造型为蓝本，以超现实主义的手法描绘如梦境般的景物。奇幻插画从传统绘画视觉语言中汲取养分，发展创新，形成了自身独特的视觉风格，主要表现为色彩的主观性、幻想的时空观，它借助主观的生理和心理作用，对客观事物的造型和色彩进行夸张，使之完全服从于设计者的表现意图，甚至在同样的场景设定中，也可能对插画的呈现的意象表达产生不同的感受（图2-43）。

时尚插画中呈现的平面性、装饰性，强调用线为主，随类赋彩等表现的主观性，体现了东方绘画意象美学的特征。创作者在面对物象时，能自由、能动

图2-41

图2-42

地去选择和利用各种造型因素，不受解剖、透视、比例等科学因素的局限，而着力追求内在的感受性的东西，这种经过艺术加工后的"变形"是特定的艺术意识系统参照的结果，是意象的驱使，因而在插画艺术形式上能自由经营、取舍、概括、夸张，以求更准确地表达插画家个人的情感、理念、神韵和个性。

唯美插画中运用柔和的色调，注重意境和氛围的烘托，它往往不需要非常强烈的情感冲突，强调的是情境的表现，人物一个温暖的表情，一个温柔的动作，一件有所寓意的物品，就足以营造和谐完美的浪漫情调，给人带来的是一种温馨的感受。这种唯美插画正符合了人们对美好事物的向往和追求，在繁杂、忙碌的生活中找到心灵的一片栖息地，从而使这种类型插画的意象表达有了玩味的空间。

总之，插画以纯图像为出发点，或者是图形的变化，或者是色彩的暗示，或者是故事的隐喻，能够提供给欣赏者更多意象的可能性，能够让受众在欣赏插画作品的同时，随着创作者的感情的流露或身临其境，或浮想联翩，细细的端详、揣摩和品味，最终与心灵产生碰撞，当人们追随意象，随心畅游的时候，插画所表达的文化内涵和精神力量最终得以完美的体现。

综上所述，通过对插画基础概念和分类、表现手法等的系统研究，可以认识到插画表现在符合大众审美的同时，要强化个性审美，将视觉形象的某种特征夸大、强化，以此激发读者的兴趣和满足读者的欲求。作为插画在现代设计中的应用应视表现对象而异，应具有个性、机智、幻想、奇异性等审美特点与趣味。通过新奇的创意构思和创作技法的求新求变，将人们熟悉的事物变化呈现一种全新的面貌、创造出全新的风格，同时，寻找表现上的再突破，深入挖掘各种工具和途径所具有的多样的视觉语言效果。注重插画艺术的创造性，永远是设计师与插画家不断追求与研究的目标，也是插画应用于现代平面设计的生命内核之所在。一个高明的设计师和插画家显然要具备

图2-43

高度的表现力，研究插画的形式和表现技法就是归纳出更为迅捷、方便、清楚、具心灵震撼力的传播信息的表现途径。在此基础上，对插画视觉表现语言进行筛选、优化和创造，使平面设计师和插画家具有较强的理解力、丰富的想象力和具有把信息视觉化的转化能力。插画要具有独立的审美价值，在创作过程中，必须要求设计师在创作的过程中明确了解插画的表现手法的不同特质，这种分析与论证提供给设计师和插画家一种创作的方法和语境，解决当前设计师所关注的如何寻找到新的设计语言表现途径。插画艺术语言是现代设计师拓展表现空间，升华表现技法的重要参考。

CHAPTER

03

第三章

插画设计的
运用

插画在现代设计中占有十分重要的地位，插画作为一种艺术形式在今天已经普遍用于各个方面，而且在当今的社会中已越来越广泛，从而成了现代视觉艺术发展的一个闪光点。以现代设计观念来欣赏插画，它不但是视觉传达的方式，也是信息传播的载体。如今，对于插画艺术家来说，他们更需要的是以理性思维和感情的表达来调动一切创造力，在特定的背景下通过适合的载体来创造出能够给观众带来不同感受的作品。现代插画表现形式的多样性也使其在生活中得到了广泛的运用。

现阶段，科学技术的飞速发展推动了插画艺术逐渐的渗入到社会的各个领域之中，比如广告行业、包装与招贴设计等，插画艺术的运用为这些行业增添了强烈的视觉效果。插画艺术还有其自身独有的价值，并通过与市场经济的有效结合体现了插画艺术的商业价值。通常情况下，插画艺术具有画面优美的特点，其优美的画面能够给观众一种强烈的艺术美感，为观众带来一场视觉享受的盛宴，人们通过插画艺术能够更加形象直观地感受到插画艺术的魅力。插画艺术的表现形式主要包括手绘水彩、全电脑绘图以及手绘起稿等形式，有的通过系列形式呈现，有的则以单个的形式呈现。可以说，插画艺术已经成为当下社会发展中不可或缺的一种艺术形式，它的发展和应用有力地推动了中国文化事业的发展。

插画是一种艺术形式，作为现代设计的一种视觉传达形式，它能够以直观的形象，真实的生活感和美的感染力，在现代设计中占有特定的地位。社会发展到今天，插画被广泛地用于社会的各个领域，涉及文化活动、公共事业、商业活动、影视文化等方面。插画艺术不仅扩展了我们的视野，丰富了我们的头脑，给我们以无限的想象空间，更开阔了我们的心智。随着艺术的日益商品化和新的绘画材料及工具的出现，插画艺术进入商业化时代。插画在商品经济时代，对经济的发展起到巨大的推动作用。插画的概念已远远超出了传统规定的范畴。纵观当今插画界，画家们不再局限于某一风格，他们常打破以往单一使用一种材料的方式，为达到预想效果，广泛地运用各种手段，使插画艺术的发展获得了更为广阔的空间和无限的可能。

在科学技术高度发展的今天，信息社会的形成和读图时代的到来为插画艺术提供了更为广阔的发展天地。插画艺术已经大大地超出了原本的传统概念和应用范围，从传统的书籍、报刊到商品包装、广告、招贴、标志、影视制作以及环境设计等方面，插画艺术无不参与，在现代社会中已经成为一种必不可少的图像信息传达形式。科技的发展进步使插画的载体和表现技法也越来越丰富，这些都得益于对新媒体的应用，新媒体技术为插画艺术带来了独特的艺术视觉效果和极具发展潜力的商业价值。

第一节

视觉传达中的插画设计

插画在视觉传达设计的应用是当今社会发展的一种媒介体，我们可以将它视为一种工具，一种人类社会发展、交流的工具。当今的插画融入了各种时尚元素，各种创作手段。它的应用范围也十分广泛，从先前的出版物到现在的服装、包装、广告以及多媒体设计等，我们随处都可以发现插画带给我们的视觉魅力。

随着现代科学技术与传播领域的迅猛发展，插画已经被逐渐运用到书籍、杂志、平面设计、游戏动漫、包装设计、网页制作、广告宣传等各个领域之中。在这些领域里，插画分别扮演着不同的角色，其功能和意义也各不相同。插画设计的多样性不仅体现在风格采集、表现手法或是表现题材上，其应用范围的广泛也成为插画行业发展的推动力量。从最初的用于书籍之中起文字说明作用的插图，到后来运用于包括报纸、杂志、海报、路牌等不同形式的插画，其应用的多样性决定了插画发展的多元化。尤其是随着电子信息技术在插画作品中的应用，各种网络、摄影载体的加入，插画的应用范围越来越广泛。从某一程度上来说，我们已经很难界定插画形式的具体范畴了，因为这一视觉文化的艺术形式已经展示出了极强的、多元化的生命力，是各种艺术元素的综合表现。当代社会不仅是以经济、信息服务业为中心的，它也是人们精神生产与文化消费的中心，是人们在审美意识形态中品味生活、审美趣味的地方。而表达这些文化的媒介是有很多的，插画作为当代视觉传达设计的一种媒介方式，将传达者所要表达的主题、内容、思想、情感纳入都市文化生产与消费的市场中去，在这当中，使商品获得和体现出其价值属性，也让人们紧跟流行主题来体验当代社会发展的变迁。

一、纸媒体类的插画运用

1. 书籍装帧中的插画运用

谈到书籍，每个人都很熟悉，在生活学习中我们都要看书，从小我们从书本上学到知识，长大后开始广泛阅读书籍资料，从中获取养分使自己的知识更加丰富，所以书籍对于我们每个人来说都是意义非凡的。然而随着时代的进步，纸质书籍的发展空间越来越少，更多的新型产业电子书、网络书籍带给人们更多的便捷阅读空间，它比一般图书要节约成本，所以得到了很多出版商的大力推广应用，然而对于一些喜欢拿着书本阅读的人们来说，阅读传统的书籍，其质感和拿书的手感能带给他们的阅读情感是任何产品无法替代的。书籍设计内涵应该是三位一体的整体设计概念，它不像广告一样一个二维空间就足以表达其内容，它是需要倾注时间概念塑造立体空间的构架的。它不仅是设计一本书的形态，还需要通过富于创意的设计使读者产生共鸣，从书本中得到启迪。

一本书想要吸引读者的注意，并与之进行良好的交流，仅仅依靠文字的描述是势单力薄的。而插画作为一种艺术形式，可以将内容以一种丰富多彩的形式表达出来，让书籍在传达内容的同时也能够传达一种美。书籍中的插画立足于对读者感情的诱导，有别于文字的表现形式，对书籍内容做出图像化的视觉表达，起到了补充、强调、解释的作用，并且，插画的

出现在一定程度上提升了整本书的档次和品位。如同一盘菜，即使主材料丰富，如果卖相、味道不好，食欲也会大减，而这时，插画的出现就能提升书籍的色、香、味。

插画在书籍装帧中的应用，让读者能够通过不同的视觉形式来感受作者的思想感情，插画与文字的有机结合使书籍所要传达的信息更为具体而生动。随着书籍装帧设计的发展，插画已经逐渐普及开来，由于其具备了这样一种重要的作用，就需要在设计中考虑文字内容与插画的协调感，让插画能够与文字内容相符，并且更有利于读者的阅读。插画的存在，使得书籍装帧更具有文化艺术气息，也能够让书籍的内容表达更为直白，能够进一步拉近作者与读者之间的距离，通过文字与图画，达到思想与情感交流的目的。

一本书籍的畅销，插画功不可没。就目前市场上的书籍插画来说，有的目的是在视觉上吸引读者的注意力，有的旨在凸显书籍的个性，有的是为了丰富书籍内容等，而最终都是为了增强书籍本身的视觉吸引力，从而吸引更多的观众去关注。

（1）**书籍插画的分类。**

1）教科书插画。注重准确性、科学性和严肃性，教科书插画能够将深奥的理论转化成一种更为直观的形象感受，让人们能更容易接受枯燥的科学知识（图3-1）。

2）文学作品插画。插画在文学作品中的表现形式是多种多样的，插画往往配合书籍内容所表达的氛围进行设计，丰富文字的内容（图3-2）。例如，早期的英国和法国小说里的插画常常利用钢笔画作为插画的表现形式。中国四大名著中的插画，多采用彩色水墨手法进行插画表现，精妙绝伦，为书籍营造了充足的传统艺术文化氛围。

3）绘本读物插画。绘本读物的受众群主要为儿童。对儿童成长过程中的益智和启蒙来说，绘本读物是最佳工具。儿童的视力发育还未完整，不适合通过电视、网络、报刊获取知识与娱乐。色彩鲜艳、富有想象力的绘本读物插画为少年儿童创造力的发展做出了积极的贡献。如今，绘本读物也不只是儿童的专利，成年人也愿意通过绘本读物里轻松时尚、生动活

图3-1
学生闫松插画设计-科普图书封面

图3-2
王凡书籍插画

图3-3
学生胡小静插画设计全图

图3-4
学生段雅馨插画应用设计

泼的插画感受画面中美好的气氛（图3-3、图3-4）。

4）新媒体插画。新媒体插画在电子刊物中的应用如鱼得水，强烈体现了自身的特点。电子杂志作为一种新兴的媒体表现形式，兼具了互联网与平面媒体两者的特点，并将声音、视频等表现形式结合起来呈现给观者，还有一些游戏、超链接等网络因素，增强了杂志的互动性，丰富了版面的视觉效果，为图文组合提供了更多的可能（图3-5）。

（2）插画设计在书籍装帧设计中的表现形式。

1）书籍封面的插画设计。封面是一本书给读者的第一印象，它的美观与否在消费者的购买行为当中有着一定的影响。格式塔心理学认为，图形知觉的组织性是脑本身具有机能的表现，因此，以插画形式出现的封面设计更具新奇感和情感吸引力，更能跃入人的视线。

封面插画设计是书籍封面设计中很重要的一个部

图3-5

分，它位于书籍的封面位置，所以要求其具有直观、明确的特点，给读者带来能够产生共鸣的视觉效果。它在画面中占有很大位置，是视觉的中心。设计者在依靠书籍封面表达书籍内容时，可以运用比喻、象征等手法。封面插画可使用的内容多种多样，最常见的有人物、动植物以及自然风光等一切现实中的事物。

插画设计在书籍封面中的运用要素：

a．在插图使用的数量上应该以少而精为好。对于大部分的书籍封面作品来说，图片数量的多少直接影响到传播的效果。使用一到两幅质量较高的插画，能够鲜明地突出主题，而插画的使用数量较多时，给人带来的视觉上的冲击力则会变弱，达不到宣传主题的目的。

b．插画的面积因素取决于插画的重要性。大面积的插画往往用来渲染气氛，书籍的封面采用整张大的插图，这样能够快速地吸引读者的视线，给读者带来很强的视觉冲击力，并通过插图的内容将书籍信息迅速地传播出去，而小面积图片则可用于帮助读者加深印象。

c．读者的印象。读者对插画的感受直接影响插画所产生的效果。总之，封面插图的设计是为了使读者与作者之间能够快速进行交流，掌握住它的运用要

素，会使设计出来的作品更具有效的功能。

2）书籍内页的插画设计。插画设计在书籍内页中的表现手法有以下几种形式：

a．绘画的方式。在最具有代表性的书籍插画领域，绘画方式的书籍插画以其独有的艺术品位和充满人文情感的表现方式给读者带来丰富的想象力。几米漫画，这是当代十分流行的一种绘本式的插画风格，它的绘画手法与色调逐渐告别了写实主义风格，更加注重意境的表达，因此掀起了一股新形式的绘本创作的潮流，逐渐成了绘画类插画的时尚代言。

b．摄影写实方式。

c．电脑软件制作的方式。CG插画作品，它就是通过电脑软件技术来制作插画的一个例子。CG插画在制作过程中先要运用电脑计算出真实的光线，再将内部环境中的物体进行渲染，从而营造出亦真亦幻的视觉感受。现在许多时尚书籍当中的插画设计，都是采用写实的摄影作品为背景，然后用绘画的形式进行修饰，最后放在电脑软件里进行制作，非常有美感和创造性。

（3）插画对于书籍内容的辅助作用及关系。

1）插画与书籍是密不可分的两个方面，如果插画摆脱了书籍的主题与实质，只突出美感和画面带给人的视觉感受，那就不是书籍插画了，因为它失去了在书籍装帧中的基本意义；相反地，如果只是注重插画在书籍中的从属性，那它只会变成文字的说明图解，失去了本身的审美价值与艺术价值。

2）插画对于书籍内容的表达具有辅助的作用，文字对于插画有一定的约束性，要想使设计的插画作品具有强烈的艺术感染力，就必须将插画与文字所表达的内容相结合，因此，我们在进行插画设计的初期，不能天马行空，要全方面地了解文学作品，体会作者所要表达的思想，之后再进行创作，这样所产生的作品才有意义并且充满艺术表现力。书籍插画与文字内容上的相吻合是插画从属性的基本特征，它的从属性还包括与书籍文字风格和题材相协调。

（4）书籍中的插画版式。书籍的版式，也就是插画与文字在书籍中的色彩、位置、比例的关系，另外需要注意的是各个版式相互间的关系，它们的排列在

整本书当中要具有协调性、连贯性和节奏性。

文字间的插画版式可分为以下几类：

1）半页插画，插画在版面的宽度与版面的版心是一致的，可以根据排版的需要把图片置于整个版面的上方、下方或者是中间的位置。

2）通栏，书籍版面可以分为双栏、三栏及多栏等，插画可以与双栏、三栏或多栏的宽度一致。

3）四角，即在版心的四角放置插画。

4）越空，是在安排插画时，把图片的一边或两边超出版心放置，形成跨越空间的形式。

5）出血，是指把插图的一边、两边或三边扩大到书籍边缘。

6）双页插画，即插画占据版面的左右两页，这样增强了插画的视觉效果，并且使整个版面更加整体。

7）整页插画，即插画的大小与版面的版心大小相同，一般多运用于美术及摄影类的画册和杂志类的书籍。

（5）**书籍包装及宣传的插画设计**。书籍包装的插画设计由于画面简单、直观清晰，易于辨认，打破了国界间语言的限制，所以它已经成为书籍包装形象创作中不可替代的一部分，它通过对产品内容、形象以及情感的处理，对产品的视觉形象进行了深层的加工。

1）插画设计在书籍包装中的诉求功能。插画设计在书籍包装中最基本的诉求功能就是将作为商品的书籍当中的信息简单明了地传递给读者，从而使他们产生兴趣，同时强化书籍的感染力，让消费者信服书籍所传达的信息并欣然接受这些信息，这样才能够刺激消费者的购买欲求，最后使消费者采取购买行为。

2）插画在书籍包装中的应用原理。书籍包装中的插画设计，是用确切而生动的视觉形象将书籍所蕴含的主题表现出来，它所包含的元素都是以书籍为中心，因此，作者在给书籍的包装进行插画创作时，需要对书籍本身有一个准确的市场定位。首先，要具有创造性，将书籍信息巧妙地表现出来；其次，一定要有好的表现形式和视觉效果；最后，就是寻找合适的介质，从而将设计出来的书籍插画及书籍本身推广出去。

3）插画设计在书籍包装中的表现技巧及优势。

a．书籍插画的表现技巧可分为：第一，用"具象图案"来表现，它最大目的就是将商品内容推荐给消费者，主要是以写实表现手法为主。书籍包装上的插图使用十分具有代表性的龙门石窟佛像这一具象的图案，让读者能迅速了解书籍所要传达的内容，这样也能使消费者在挑选书籍的时候节省了时间；第二，用"抽象图案"来表现，作者能够将思想中模糊而又朦胧的概念或者是情绪通过抽象的图案表达出来，对人们的思维没有局限，使其能够得到充分的发挥，这样更容易达到预期的表达效果。抽象的图案具有强烈的视觉印象，能够在各种各样的书籍作品中，展现所设计作品别具一格的特点，在表现图案的选择上需要考虑书籍本身的诉求与所面对的消费群体。一套诗集的包装，包装上面采用了较为抽象的图案，图案的造型和色彩都能够传达出来一种古朴的感觉，与书籍主题与风格相吻合，能够吸引读者的视线。

b．书籍插画在书籍包装中的优势：第一，插画在书籍包装中表现的手法是多样化的，可以从更多角度对书籍进行展示；第二，表现风格是多变的，通过对书籍本身的定位的了解分析，创作出适合不同消费群体的包装设计作品。比如针对女性书籍包装上的插画设计，可以多采用浪漫唯美的元素，这样能够提高女性消费者对其的关注度，包装的整体风格清新、柔和，给人一种温暖的感觉，符合大部分女性读者的审美；针对年轻人的书籍包装设计，可以采取时尚的风格，一套涂鸦风格的包装，整体感觉时尚个性，独具特色，满足年轻消费者个性化的心理需求，更容易引起年轻人的认可；第三，具有丰富的装饰性，插画本身既可以独立使用，也可以把它当作具有装饰效果的图形进行使用，书籍包装本身只使用了具有装饰性的图案，这些装饰图案作为书籍包装设计的主要图形语言，使整本书的感觉简洁明了，与书籍本身的风格相得益彰，并使书籍获得更加多样化的艺术美感。

（6）**插画设计在书籍装帧中的视觉传达功能**。书籍插画是与书籍并存的，它不能独立存在，必须以文本为寄托，但它的功能却不是文字所能替代的，插画的插入可以在视觉与版面上与文字形成对比，使书籍更具美感。

1）对书籍信息的传达。人们对图形和文字的识别度比率分别为78%和22%，只有受过一定文化教育的人才能够接收到文字信息想要传达的内容，而图像信息在传播的过程中受这一因素的影响较小，所以图形本身可以起到对文字解读和辅助的作用。图像是一种具有世界性、共同性的交流方式，它与文字既能够相互独立存在，又能够相互融合，它们之间相互诠释，相互补充。在文字中配上插画，可以使人们通过插画来了解文字，它在信息传达的过程中更加直观，它本身携带了文字说明的特点，尽可能地传播了它所能传播的信息，因此，使大多数读者不需要太多的阅读能力就能够读懂书籍所要传达的主要意思。

2）对艺术形象的传播。近些年来人们不仅对书籍的文字内容要求很高，作为书籍中重要的视觉传达因素，书籍装帧中插图的好坏也成了人们关注的重点。同时，作者所创作的插画也是传递其内心世界的一种方式，展现自己与众不同的一面。中国有许多多姿多彩的传统造型艺术形象，无论是在原始的彩陶上，还是留存下来的壁画等艺术形式上，都是人类原始心态与造型观念的消化与潜存，还有我们熟知的如莲生贵子、金玉满堂的吉祥寓意，也都象征着人们对生命的憧憬，对幸福的祈求，通过书籍插画的夸张和美化，使这些艺术形象能够更好地传播与传承。

插画设计和书籍装帧艺术是密不可分的，书籍插画作为独立的插画产品始终在消费市场上占有不可替代的位置，要想使书籍插画有更好的发展，就要在书籍插画的表现形式和手法上求变异，在新媒介中不断创新，而且插图的设计也要以人的感情为出发点和落脚点。随着书籍插画多样化的需求，应该深化对书籍插图功能性能的研究，要以市场需求为导向，把书籍插画艺术与图书完美地结合起来，从而创作出更加多元化的书籍插画作品。

（7）插画在书籍装帧设计中的意义。

1）插画兼具实用性与审美性。插画作为书籍中的一部分，其主要目的就是帮助读者理解书中的内容，因此，插画必须具有实用性。插画的实用性：一

方面，表现在插画要符合书中的内容，文字所要表达的内容需要读者阅读之后依靠自己的想象力来加以理解，有一些难懂的内容则难以单凭文字传达给读者，这时，就需要依靠插画来将内容直白地展现给读者。另一方面，插画还应当是文字内容的凝练与升华，使作者的心理情绪、感情思想都能够通过插画表达出来，从而实现插画存在的最直观的价值。

同时，插画作为一种常见的艺术形式，也要具备审美性。一幅具有美感的插画，能够激发读者的阅读兴趣，让读者能够更容易发现书籍的益处，只有在插画符合读者审美要求的情况下，才能够吸引更多读者。另外，书籍装帧中的插画，代表着一种信息的传递方式，代表着这个时期人们的思想与审美。由此可见，插画在书籍装帧设计中兼具实用性与审美性两种重要的意义。

2）插画兼具通俗性与艺术性。所谓通俗性，就是指通俗易懂，也就是说，插画，要能够让读者容易看懂。这是插画最基本的作用，插画的存在为的就是让读者能够更容易地了解书中的内容，如果插画太过于高深难懂，那么，其存在就失去了最基本的意义。插画的存在就是让读者在读得懂的基础上，进行创新，从而吸引读者。

插画所具有的艺术性，与插画的审美性基本是相通的。也就是说插画作为一种常见的艺术形式，要能够具备最基本的审美艺术性，能够给读者赏心悦目的效果。能够具有最基本的艺术价值，在读者的眼中形成一种特殊的美感。插画的艺术价值也可以转换为商业价值，在商业活动中赋予书籍更多的竞争力，使得书籍装帧设计能够更为吸引读者的眼球，让更多的读者来购买、阅读这些书籍，在商业交流中，实现插画的艺术价值。由此可见，插画的通俗性与艺术性是书籍装帧设计的另外两种重要意义。

（8）插画与书籍装帧设计结合之美。

1）插画在书籍装帧设计中的可持续性。插画在书籍装帧中的可持续性主要表现在两个方面，一是书籍的封面插画具有足够的吸引力，这也是插画发挥其基本作用的第一步。我们在阅读书籍的时候就会发现，在书籍的封面以及最前面的几页中，通常文字内

容较少，更多的则是以图片的形式展现出来的，因为读者在翻阅一本书的时候，通常会通过封面及扉页来了解整本书的基本内容，这时，如果插画具有足够的吸引力，就会大大增加读者阅读整本书的可能性，为读者阅读整本书做铺垫。二是书籍内部插画要符合整本书的内容与意境。如果书籍中的插画与文字内容关系不大，也就难以发挥插画对读者理解整本书的辅助作用，读者不但会难以把握书籍内容所传达的信息，更会对插画的存在产生疑惑，不明白插画存在的意义。就会让读者认为插画的存在是多余的。因此，插画的存在必须要与文字内容具有强烈的联系，才能够保证插画存在的意义。

2）插画在书籍装帧设计中的空间立体感。如果书籍装帧中，没有插画，那么仅仅有文字内容的书籍完全是一种"二维"的存在，读者要通过对文字内容的阅读，通过自己的想象来创造一种空间感，然而，每个人的思维是不一样的，读者通过想象所呈现出来的内容极有可能与作者原本要表达的信息有很大的差距。而通过在书籍装帧中加入插画，就能够以图片的形式形成一种独特的立体画面，引导读者通过对插画的观看与文字内容的结合，在脑海中形成更为具体、更为理性的画面。通过画面的空间创造，让读者对书籍内容的理解能更贴近作者原本的思想，也更能够帮助读者掌握书籍中更多的信息，完成书籍信息从作者到出版者再到读者的整个传递过程。在书籍中，如果没有插画，难免会显得单调，也容易使读者在阅读时产生视觉疲劳，失去对书中内容的兴趣，而插画的存在，给读者营造一种具有强烈立体感的空间，使读者时刻保持着阅读的兴趣，对书籍产生爱不释手的情感。

3）插画在书籍设计中的材料展示。在书籍装帧设计中，插画的运用不仅要考虑到文字内容以及如何对读者形成吸引力，也考虑到书籍装帧所使用的材料。在普通书籍装帧中，书籍所采用的材料看似相同，然而实际上，材料的细微差异就可能会造成极大不同的效果。书籍装帧设计中，最常用的材料还是纸张，这也是最容易把握的一种材料。对于插画的运用，要充分考虑纸张的情况。例如纸张是否细腻，厚度如何等。这些细微的差别，将会给插画的应用带来

极大的不同。随着纸张的种类逐渐增多，插画的运用也应当逐渐地实现多样化，让插画能够在任何纸张材料上都能够体现其最好的效果。而如今，并不是所有的书籍材料都是纸张，另外还有木材、塑料、布料等都有可能作为书籍的材料。当书籍运用这些材料的时候，就对插画的应用提出了更高的要求。插画要能够根据材料的不同而进行灵活的调整。

4）插画在书籍设计中的版式之美。版式设计是书籍装帧设计中的一种最基本的设计形式，也是体现书籍风格的最基本手段，版式的设计涉及多个方面，也是最能够体现书籍装帧设计能力的一种方式。版式设计中，文字、色彩和图形是最重要的三种要素，插画作为图形的表现形式，是版式设计中的重点也是难点。插画的存在，会使书籍更具有趣味性，然而，如果插画的版面设计不够优秀，就会适得其反。因此，插画的版面设计必须要更为用心。通过对插画的版面设计，能够让文字和图形得以完美的结合，让读者在阅读的时候，能够更为方便地通过插画来了解书籍中的内容，同时，还能够使读者与书籍产生共鸣，从而使读者更容易被书中的内容所打动，从理性和感性两方面与书籍的作者进行深层次的交流，从而使读书变得更加有意义。

5）插画在书籍装帧设计中的综合调动性。书籍的文字内容和插画都是通过吸引人的视觉来达到传达信息的目的，然而，如果只是依靠视觉，难免会使读者产生疲劳。而优秀的插画设计，不仅能够吸引读者的眼球，更能够让读者在脑海中形成一种多种形式的感官享受，让读者仿佛身临其境，通过视觉获得信息。要达到一种作用，就要求插画设计者对书籍文字内容有足够的了解，并对读者的心理能够准确地把握。

书籍装帧设计是一种具有较高要求的设计工作，而插画作为书籍装帧设计中的一种必要的元素，发挥着极其重要的作用。通过对插画的巧妙运用，能够使书籍装帧设计更为多样化、艺术化，让书籍的价值得到升华。

2. 报纸、杂志中的插画运用

"报纸是以刊载新闻热点和时事评论为主的，定

期向社会公众发行的印刷出版物。是信息资讯、文化传播的重要载体，具有反映社会现实和引导社会舆论的功能。"报纸作为最具影响力的传播媒介，它的优势在于信息含量大、覆盖面广，发行稳定，时效性强；不受时间的限制，传递速度快，随时阅读性强。报纸主要是以文字语言为主，版面设计中的时尚插画主要起到图文并茂，丰富内容的作用。报纸中的时尚插画从内容上大体可分为创意概念画、生活情趣画和人物肖像画。从表现形式上可分为数码插画、摄影插画和手绘插画。报纸时尚插画的时效性需要插画设计师具备良好的捕捉事物的能力和迅速反应能力，对文字、主题、内容有高度的概括能力和娴熟的绘画表现技法，要用简练、快捷、鲜明的手法表现内容、表达主题（图3-6）。

图3-6

杂志插画其实是泛指了将插画艺术应用于杂志版面的插画类别。在内容方面，杂志插画并不像书籍插画有一定连续的、固定的内容，杂志本身内容连续性要弱，其中涵盖的内容也比较凌乱复杂，其旨在便于读者对杂乱的信息进行精读，根据杂志的流通方式，其插画艺术形式也更易于传播，并且杂志插画的内容并不一定要与杂志内容相关或者直接相关。封面插画、单页插画、文中插画和封底插画都属于杂志插画的范畴（图3-7~图3-9）。

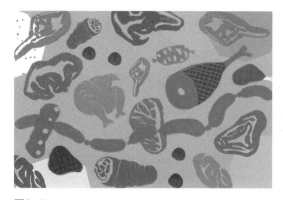

图3-7
学生闫松插画设计-肉

商业插画与杂志的结合并非是现在才有的艺术形式，早在19世纪末就有以手绘形式的作品作为插图或者杂志的封面。经过实践和时代的发展，商业插画在杂媒介中应用的形式丰富多样化。商业插画的出现丰富了杂志的版面设计，很多的版式会采用图文混排的方式出现，这不仅仅是增加了读者的阅读兴趣，也活跃了版面的设计，使杂志的封面和版面设计的视觉效果更加丰富多彩起来。

图3-8
学生闫松插画设计-水

期刊的周期性比较强，是一种定期、定时的出版物。一般分为周刊、半月刊、月刊或是双月刊。较之报纸的优势在于，持续性强、反复阅读率高、印刷精美，具有一定的欣赏性和收藏价值。时尚插画艺术在期刊中是不可或缺的一部分。杂志中附载的时尚插画的表现形式要根据杂志的不同种类、内容及阅读者的层次而有所区别。杂志时尚插画一般包括封面、单

图3-9
学生闫松插画设计-油

图3-10
学生闫松插画设计-谷类

图3-11
学生闫松插画设计-牛奶

图3-12
学生闫松插画设计-蔬菜

图3-13
学生闫松插画设计-水果

页插画、文中插画以及题图、尾花等。由于杂志运用的纸张和印刷方式都要比报纸精美得多，因此杂志时尚插画的视觉效果非常重要，往往从版式的编排到时尚插画的表现手法，都要做到尽善尽美。尤其是比较流行的时尚生活类杂志，当中的时尚插画更要符合现代人的视觉、审美喜好，并且要引导时尚的潮流，符合现代人的审美口味，因此，在插画艺术的形式表现上要大胆创新，突出视觉表现效果，吸引眼球（图3-10~图3-13）。

如今的杂志品种繁多，竞争也相当激烈，好的插画作品可以给杂志带来更多关注的读者。杂志插画并不一定要有连续性，相对的更在意插画的质量，尤其是细节的处理。先进的杂志都是采用四色印刷来完成

制作，因此对插画绘画的细节和印刷插画精度都有非常高的要求，越是简单，越是追求高质量。

二、招贴设计的插画运用

现今，我们已经迈入了一个全新的视觉"新读图时代"。英国的著名艺术史学家E．H．贡布里希曾经说过："我们的时代是一个视觉的时代，我们从早到晚都会受到图片的侵袭。"插画具有丰富的表现性，因此被广泛应用到招贴图形设计中，不但使招贴图形设计更加具有视觉感染力，而且大大提高了招贴的视觉信息传播效率。

插画从广义上讲，多应用在平面设计中的广告、

招贴、影视宣传等领域，插画不仅对文字意义具有诠释作用，还增加版面的视觉美感，对信息的传播也具有强化作用。由于新概念、新技术、新手段的应用，插画在传统绘画基础上呈现出越来越丰富的变化，在表现方式和手段上借助于互联网和传统绘画中的油画、中国画、版画、素描以及摄影、拼贴等综合手法进行表现，插画表现形式受主题、风格和表现材料及其表现手段的影响，插画往往还借助幽默、隐喻的形式来传递信息。由于插画具有绘画特征同时又依附于平面设计，因此，插画成为了绘画艺术和平面设计艺术的桥梁。我们应该重新考虑插画在招贴设计领域中的重要作用，对传统的优秀文化不是尝试性的"拿来主义"或"移花接木"，而是结合时代的特征和专业化的需求特点，吸收传统文化之精髓并使之在新的"土壤"中生根发芽并茁壮成长。

1. 招贴设计的概述

招贴又称海报，就是我们通常所说的海报或者类似的宣传画，属于户外广告，主要分布在城市街道、商业区、公园、车站等一系列公共场所，在国外被称为"瞬间"性街头艺术。招贴设计主要分为以下几种：第一种属于非营利性的社会公共招贴，一般由政府承接。第二种是营利性目的的商业招贴，这类招贴较为常见，运用也相当广泛。还有一种属于艺术招贴，艺术招贴比较注重个人主观意识、风格特点和情感的表达，更具有创意，主要包括各类绘画设计展、摄影展等（图3-14）。

招贴设计以图形为视觉中心，一般由图形和文字组合而成。因此，在设计招贴插画时要做到以图形为视觉核心，突出主要视觉形象。图形元素在画面上占主导位置；色彩对比强烈，渲染画面整体视觉氛围；图形语言个性化，可以根据招贴所传达的不同主题，选择个性化的图形语言。

招贴的针对性很强，它作为广告的典型形式，要在人们看到它的第一时刻成为焦点。在招贴的设计上，一般运用大面积的鲜艳色彩、突出的标题和醒目的图形。招贴分公益性和非公益性，在商业招贴中，许多设计师尽可能运用想象力和幽默的语言，根据主题，创造了诸多优秀的佳作，很多插画家的作品就是

以招贴插画的形式出现的。我们通过招贴上的插画，就能迅速准确地读懂它的用意，消除了语言的障碍。

招贴设计可以给人一种视觉上的冲击力，让我们在一种充满期待的情景下，切身体验招贴设计作品的视觉传达效果和独特魅力。它在人们获取有价值信息的同时，又有身临其境的体验与感受，越是独特的招贴设计作品越能给人留下深刻的印象，打造自然和

图3-14
学生赵杰 作业

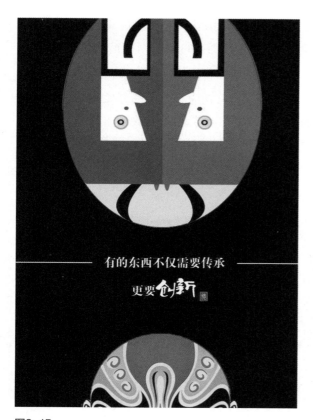

图3-15
王凡招贴插画

图3-16

轻松愉悦的氛围，渐渐地接受插画设计信息的主题意识。如果我们将海报招贴设计趣味性加以变化的话，基本上趣味性就会变成艺术的升华。然后通过人的大脑潜意识的创造力和艺术的再加工改造；我们不难发现，一个广告想要脱颖而出常常取决于其艺术表达方式；艺术性越强，海报设计吸引人的眼球越强。从某种层面上说招贴设计艺术有其独特的生动的语言和主题内涵。并且区域文化各不相同，让同一文化背景的观众接受的图形设计产生有趣的快乐体验，感到强烈的审美趣味，并在愉悦的氛围中轻松地认识到作品所要表达的意义，针对地域和文化背景，使其利益的区分呈现本土化（图3-15、图3-16）。

好的招贴设计基本上是在大量积累素材的同时创作出来的，其中需要设计师大胆的有目性的创作，需要深入研究、理解、分析服务对象的背景，积累大量的素材，这些都是准备工作。假如当时没有深入研究分析，只碰运气，那很可能设计出失败的海报作品。所以说设计需要投入感情和激情，同时需要理性去思考更多客观因素完成创作的。招贴作品根据它的特性，主要是由它的特征所决定。体现在商业上的招贴具有五大特点；

其一，画面大：运用户外空间形式，招贴图案比重大、同样字体也很醒目，吸引眼球；

其二，远视强：首先其功能，作为户外广告形式视野广、适合巨幅插画，为移动的消费群体提供更优质的视线范围，因此说招贴海报的远视效果清晰夺目；

其三，内容广：招贴海报设计的辐射面积广阔，不但可以应用到公共类的社会文化活动上，还可运用到政治层面上，能广泛地发挥作用；

其四，兼具性：插画设计在设计理念上是客观的，同时又受客观条件制约，总体来说是轻松自由的，具有挑战性的。招贴中的插画设计既要融合绘画传统，也要融合设计精髓；

其五，重复性：很多招贴设计的插画在公共场所，比如公交站台，还有路边广告牌示，或者灯箱广告上面，经常可以看见相同的主题风格插画，达到疏密有度的视觉传达效果。

2. 插画在招贴设计中的应用

插画是一种情感性的绘画语言，具有丰富的表现力。材料、肌理、色彩、笔触作为插画的基本语言元素，如果在招贴图形设计中恰当地应用插画表现元素，就可以极大地吸引观众的眼球。比如，中国水墨插画作品中描写水的流畅线条与刻画山的凝重线条相比较；版画插画作品中三角刀精雕细琢的刀痕与平刀粗犷豪放的刀痕相比较；油画肌理体现的圆润的笔触与刮刀的锋利的形态相比较。

（1）水墨插画在招贴图形设计中的应用。中国画是擅长以笔墨表现意蕴、情理、趣味的绘画形式。中国著名平面设计师陈正达曾说过："'画不写万物之貌，乃传其内涵之神。'最好的作品都具备意与境相融的生命力。当表现技法在设计构思中退到其次时，一种对于把握作品境界、气质的想法就有了上升。"

（2）油画肌理在招贴图形设计中的应用。在油画表现中，笔触是画家塑造形体、再现自然的一种重要手段。笔触的长短、方圆以及流畅和滞涩等，均与作者本人的性格、气质等情绪有关，它体现了画家对世界的感悟、体验和判断的过程。油画的自然表现肌理应用到招贴设计中将会给作品带来独特的艺术效果，从而加强招贴图形艺术语言的感染力，并使传统的优秀文化得以继承和发扬。

（3）木刻插画在招贴图形设计中的应用。黑白木刻在创作中追求木味、刀味、印味等三味一体的韵律变化。独特的肌理能够激发人在心理上产生愉悦和舒畅、激情与愤怒的情感，木刻语言的表现手法为招贴图形设计提供了最直接的表现手段，会收到意想不到的效果。中国传统的民间木版画以鲜明的色彩赢得人们的喜爱，特别是套色版画的红绿、黄紫、蓝橙、黑白对比给人们富丽、轻快的情感感受。浓烈的色彩、饱满的构图、单纯而明快的色彩造成强烈的视觉冲击力。

（4）素描插画在招贴图形设计中的应用。素描能促使人用真诚的眼睛去观察世界，用心来描绘这个视觉感受的空间。马蒂斯说：观看本身就是一种创造性的行为。艺术家只有不带偏见地去观看事物，就像孩子第一次观看某一事物一样，如果他失去了这种能

力，他就不能以独创性的方式去自我表现。中央美术学院闫新生教授提出了以个人的感受为基础，构建绘画语言与人的心灵桥梁。绘画是人表达思想的一种方式和手段，绘画应该回归到本该具有的自然状态，应该随着人自身的发展而发展，顺应历史发展的潮流，展现时代的艺术魅力。当今，艺术与科技相结合，文化多元化发展，招贴作为视觉文化传播的重要媒介，招贴图形设计自然离不开插画艺术的参与，插画必将为今后招贴图形设计起到推波助澜的作用。

3. 插画在招贴图形设计中的作用

（1）**插画的艺术审美性**。插画以人类共通性的图画语言来说明主题、表达情感、传递信息，因此很容易被大众接受。在远古时代，我们的祖先就是以图画进行信息传递并交流，如绘画"印第安人部族的信"，这是印第安部族联合起来向当时美国国会请愿的一封"信"，意思是他们期望得到大湖近处的捕鱼权。插画是以绘画表现语言为基础的，继承了绘画的很多优点。首先，绘画具有共通性。因为绘画以视觉感知为基础，绘画语言元素的有机形态构成了千百年来人类社会视觉意识形态的基础；其次，绘画具有独特性。其不可被复制的特征体现在不同时代的绘画反映了不同时代人的情感、价值追求和精神取向。当绘画逐渐成为人们表达思想和情感寄托的媒介物时，人们就习惯以绘画的不同形式来表达思想（图3-17、图3-18）。

（2）**插画的时代引领性**。插画引领社会大众的审美趋势，具有时代性。一方面，它要依附于一定的技术和手段来反映和表现不同时代的内容和审美价值；另一方面，它要满足当代人的视觉需要和精神需求。当前，平面广告设计在精神层面的放逐已经严重影响了人们的审美观念，在全球经济和文化共融的背景下，地方民族化的设计语言遭受了严重的同化，设计语言日益变得风格化。艺术设计者应该承担起这份社会责任来纠正这种扭曲的社会文化现象，引导人们正确认识事物的原生态之美，挖掘现实生活中的真善美。正如人类学家费孝通所说，对于社会文化的发展趋势要采取辩证的认识观、科学谨慎的态度，绝不可以对低级趣味、奢靡要求不加分析地予以迎合，我们要创造出新鲜生动、积极健康的视觉艺术作品来，通

图3-17
学生李硕作业

图3-18
学生潘丽娜作业

图3-19
学生吴超作业

图3-20
学生李明作业

过视觉画面和故事情节，把生活中的真、善、美，广泛地传播给大众（图3-19、图3-20）。

4. 插画在招贴设计作品中运用的具体要求

一幅招贴设计作品中，插画的运用是否成功，直接关系到招贴设计作品的最终效应，具体要求主要表现在以下几个方面：

（1）插画应具有醒目的远视效果。由于招贴设计主要运用户外的空间表现形式，所以如果在招贴设计中，插画的比重较大，字体也比较醒目的话，那么这幅招贴设计作品就一定更加具有吸引力。就其功能来说，作为户外广告的主要形式，视野广阔，如果以巨幅插画来表现，能够给移动的消费者们提供更为优质的可视空间，因此就可以使招贴设计作品的远视效果更为清晰夺目。

（2）插画应遵循设计原则进行创新。招贴设计中的插画艺术既要融合传统绘画，也要与现代设计精髓相结合，只有这样，才能在尊重招贴设计原则的基础上有所创新。创意新颖、风格独特的插画会使人产生耳目一新的视觉效果。因此，招贴设计的插画运用既自由宽松又具有挑战性。在一些公共场所，经常利用一些类似或者相同风格的插画，使招贴设计作品形成系列化，具有整体统一的视觉效果。

（3）插画应具有较强的视觉吸引力。插画在招贴设计中的运用，目的是更好地向人们传递某种价值信息，从而直接吸引人们的注意力，让人们去感受、理解其所想表达的价值信息内容的一种有效传播方式，

这样，招贴设计的作品才具有很强的视觉感染力。插画的运用，构成了招贴设计作品鲜明独特的艺术特色。所以，在招贴设计作品中，不管是幽默风趣的，还是客观写实的，本质上都必须包含一种无法估量的、吸引眼球的内在元素。由于市场的导向作用，一般不能把潜在客户群排除在外，因此越来越多的插画被应用到各种招贴广告领域里（图3-21）。

三、商业广告的插画运用

1. 商业广告插画的概述

在现代社会中，插画已经广泛应用于商业广告中，并散发出越发重要的价值与生命力，越来越得到广告设计创意的青睐，在广告当中所占的位置甚至超越了文案，在促销商品当中跟文案具备同等重要的价值，而在某些招贴广告当中，甚至比文案更具有价值。其不但能够直观地传递信息，更可以大大提升广告的感染力，给人们带来审美享受。插画作为现代设计的一种重要视觉传达形式，以其直观的形象性、真实的生活感和美的感染力，在现代广告设计中占有特定的地位，也有着广泛的应用空间。

广告，"广"是广泛的意思，"告"就是告诉的意思，即"广而告之"，源于拉丁文Adaverture，意思是吸引人注意，进而让顾客产生购买欲，促进消费。商业广告是指商品经营者承担费用并通过一定的媒介和形式介绍所推销的商品或提供的服务广告。商业广

告是人们为了追逐经济利益而制成的广告，因此，一个商业广告成功与否直接关系到商品经营者的经济利益，插画可以制作出新颖的造型，奇幻的色彩，让购买者眼前一亮，有助于促进购买者的购买欲，使商品经营者获得经济效益。商业广告插画，越来越受到人们的欢迎与追捧，以一种时尚的潮流展现在当代人的眼前。画面表现方式新颖奇特，色彩鲜艳，创意独特，非常容易吸引人们的目光。

商业广告插画是用具体的、直观的、生动的艺术来突出所要表现的主题，这种特质不仅逼真地突出了商品的特性，还有很强的影响力和说服力。同时，直观的视觉效应弥补了文字传达中的不足。在商品的宣传中采用合适的广告插画会起到非常好的效果，达到宣传的目的，并最终增加商品价值利益的获得。

广告插画在商业中有着十分重要的作用，尤其是在当前市场经济的推动下，广告插画与网络、数码等新兴科技的结合，使得产品的宣传方式也更加新颖。有了广告插画在商业中的立足，产品的宣传效果，销量都在显著提升，充分地达到了商业化的目的。

首先，在商业广告中的应用。在商业化发展的今天，人们对于传统广告的形式已经产生了挥之不去的厌烦感，但插画的介入，给广告带来了新的生机与活力。商业广告中的插画不仅注重它的形式美，在造型和色彩上也是结合了当代时尚元素来迎合人们的审美趣味。至此，插画通过美的形式涵盖了更多商品的信息，使广告不再以传统的硬性推销模式进行呈现，它在传达审美的同时将广告信息也一并植入到了人们的心中，达到了最终的传达目的和效果。

商业广告插画的目的更具有商业性，它运用各种艺术手法，重点突出商业用品的各种信息，以加强消费者的印象，增强消费者的购买欲望。而绘画更多的是一种文艺实践，是艺术爱好者追求的一种变现。广告插画从功能上讲，就是为了传递商品的相关信息，促进商品的最终销售，以获得更多的商业经济价值。而绘画艺术则是一种艺术享受，不以商品交换为前提。广告插画是一种艺术，在应用到商业上就是一种具有功利性、实用性和艺术性的特殊的艺术。因此，在设计广告插画时，应该遵循一定的美学原则，运用线条、色彩等艺术方法突出和渲染，同时还要不忘广告活动的目的，结合各种方式塑造商品，以此影响广

图3-21
学生胡雅婷作业

大消费者，达到理想的效果。

2. 商业广告中插画艺术的形式特征

插画艺术在积极地影响着人们的精神世界，出现在人们生活的各个领域。插画艺术作为视觉传达体系最重要的表现形式之一，常常会引发人们对事物不同的理解和看法。目前，信息图形化时代的到来，直观、有趣、引人注意的插画艺术形式将信息表述给观者。商业广告中的插画艺术的形式最为凸显有以下几个特征：

（1）**内容的通俗性与表达的形象性**。在信息传播过程中，图像远远优于其他传播方式，包括文字和声音等。图像是对客观事物的一种最直观、生动的表达，通过对事物进行抽象和具象的情感表达。插画艺术的通俗性则表现在插画师对事物的感知从而表达出的情感。人们常常误认为通俗就是平庸、低俗、粗俗、直白或浅陋，其实不然，其实它是一种建立在高速发展的经济基础之上的大众文化。插画艺术其本身的形象表达是多样的，可以是抽象的，也可以是写实的。对于插画的这种特性，当用文字难以表达产品的性能时，就需要用插画这种视觉语言来进行表达。

（2）**创作的艺术性与表现的实用性**。插画艺术与广告的完美结合，不仅使广告更具艺术性，而且使插画艺术更具实用性。广告插画既要以市场为基础，又要以宣传为目标，因此其商业实用性毋庸置疑。广告插画既是绘画又不同于绘画，既具有绘画的共性，又具有自身独特的个性。"广告插画的功能主要在于美化商品，从视觉美角度强化广告主题"。广告插画作为广告创意的表现形式之一，具有"视觉美"的形象性、感染性、社会性等一般特性。广告插画是艺术语言的一种特殊形态，因此蕴含着独特的视觉特征和艺术规律。广告插画的实用性表现在准确地传达广告主题，实用性是广告插画最根本的特征，因为广告是有目的的信息传播活动，所以对于广告插画也具有实用性的特征。

广告插画是以艺术为创作手段，以市场为目标的艺术活动，既重视其艺术性，又重视其目的性。当人们在观看一幅广告作品时，能吸引人们眼球的必然是"美"的作品，必然是能够满足受众审美需求的作品。即使是一幅极具视觉冲击力，其画面美轮美奂的广告插画，但最终并没有将广告主题准确的传递给消费者，那么这幅广告插画必将是失败之作。因此，广告插画其本质是实用艺术，对于广告插画的诉求目的来说，广告插画是一种直接有效的视觉语言，艺术是广告插画的创作手段，其目的是渲染主题，只有将广告插画的艺术性与实用性完美的结合，才能使受众在接受广告信息的同时感受广告插画艺术性给人们带来的精神上的享受。

（3）**形式的开放性与内容的制约性**。准确直接地传达产品信息是广告插画的基本前提。众所周知，广告插画最根本的作用是将商品所承载的信息和概念转化为视觉语言，从而进行直观、形象、艺术的创作表现，以此来完成广告宣传的目的。那么，在进行广告插画创作时首先要有明确的广告目标，其次有鲜明的设计主题，这两个要素是广告插画创作必不可少的。首先，广告插画的目的主要体现在传播与营销两个方面。从传播方面来说：提高产品与品牌的美誉度、知名度，增强产品与品牌的识别率，从而达到树立企业与品牌形象的目的。从营销方面来说：通过广告的宣传，引起受众对产品与品牌信息的兴趣，激发受众的潜在需求，使受众产生购买欲望，从而产生购买行为提升销售量。其次，明确广告插画的创作主题。"主题"从字面意思来说是主要内容，也可以说是一种思想、一种理念。广告插画应该有明确的设计主题，并将其进行简单、直接、有效的艺术处理，使广告插画的创作主题更加突出，使人通俗易懂。传达信息是广告插画的基本前提。所谓"传达"是指信息发送者将信息通过符号进行编码，然后将编码后的信息传递给接受者。"传达"不仅包括"给予"，而且包括"沟通"。20世纪80年代，在美国的广告界广为运用的一种"共鸣论"——主张在广告中述说受众难以忘记的人生经历、体验和感受，以唤起和激发其内心深入的共鸣，同时赋予品牌特定的寓意和内涵，建立受众对品牌的联想和想象。在广告插画创作中应注重与目标受众的情感沟通，从而达到情感上的共鸣，使受众在不知不觉中接受信息。

广告插画不仅具有内容制约性，而且还具有形式开放性的特征。插画是绘画艺术的一个门类，其表现形式多样，这就为广告插画在艺术表现形式方面，享有更为自由、宽广的创作空间。广告插画形式上的开放性表现在，素材上：形式多样——重构、拼贴、裁剪等，绘画手段——手绘、电脑绘制、油画、素描、国画、摄影等，风格表现——写实、夸张、抽象、唯美等，还可以运用画面构成和色彩的搭配来完成广告插画创作。

（4）技术的创新性与多层次的时代性。随着数字时代的到来，广告插画受到了很大的影响。由之前手绘广告插画到现如今的数字广告插画，主要体现在：首先，数字化广告插画已经被大众所接受，在人们日常生活中随处可见的大多数广告作品都是数字化的广告插画；其次，越来越多的设计师开始应用数字化技术来进行广告插画创作，随之数字化广告插画的社会关注度也越来越高；再次，对数字化艺术研究日益深化、数码产业形成并快速发展。

我们不得不说，数字技术对传统广告插画设计模式来说是一次巨大革命。首先，在功能和效率方面，数字技术为广告插画创作提供了更为便利的条件，广告插画师可以拥有更多的时间去构想、创意，创造出更加富有创造性的作品；其次，通过电脑和数字软件可以反复修改、合成、复制作品，可以丰富作品的表现层次和观者的视觉体验。新型广告插画因为数码技术的介入而获得了独特的视觉冲击力和艺术内涵，从而使技术和想象力的结合达到了前所未有的高度（图3-22～图3-25）。

3. 商业广告插画的创意表现策略

插画艺术在广告中的使用范围非常广泛，现如今已经成为在摄影之后的主流广告创意表现方式，插画

图3-22
电视网广告设计

图3-23
电视网品牌广告设计

图3-24
电视网品牌广告设计

图3-25
电视网广告设计

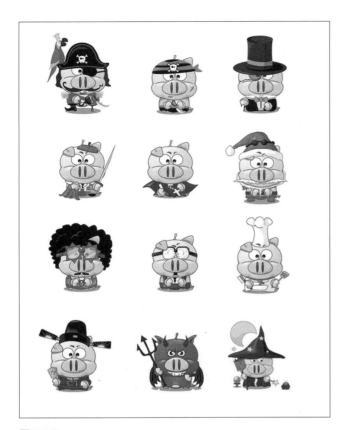

图3-26

针对商业广告插画的特点，总结出几种创意表现策略：首先，锁定目标受众，巧妙运用插画设计来彰显特性；其次，运用广告插画生动绚丽的色彩能在第一时间抓住消费者的眼球；再次，运用夸张、幽默、拟人等形象的角色引发受众好奇心，使之更进一步关注信息内容；最后，运用幽默、诙谐、有趣的故事情节产生丰富的联想和想象，加深消费者对广告信息的记忆力，最终达成购买行为（图3-26）。

（1）**锁定目标受众，妙用插画，彰显特性**。广告在传播的过程中是针对目标受众，进行有目的、精准的信息的传达，并与受众产生共鸣和互动，达到有效的传播。因此，在进行广告插画创作时，首先要根据目标受众的特点，有针对性地进行插画创作，巧妙地表达产品与受众之间的利益点，建立产品信息与消费者之间的沟通桥梁。利用插画表现形式，大胆地运用受众的视觉完形，塑造产品特点及品牌形象。让受众在视觉上产生联想，主动地将不完整的部分补充完整，通过画面的信息传达以及文字的提示，激发受众对产品的渴望，同时也赋予受众丰富的联想，将产品信息轻松地融入到受众的情感体验中。

（2）**使用生动、绚丽的色彩引起注意**。色彩能够在第一时间抓住消费者的注意力。研究表明，"版面同样的黑白广告和彩色广告比较而言，彩色广告的注意率相对较高。"例如在食品平面广告插画中常常运用红、橙等暖色调来表现食品，给人产生酸、甜、苦、辣的味觉感，勾起人的食欲。"七秒定律"，这是由一位研究色彩的美国学者提出的，他认为当人们在购买商品时存在七秒定律，在如此短暂的七秒时间内，色彩比商品功能对消费者产生的诱导更大，成为吸引消费者的关键因素。广告插画中强烈的色彩对比，能够第一时间吸引受众。

（3）**夸张、拟人的角色形象引发好奇心**。平面广告插画多采用夸张、拟人的角色形象对产品卖点进行描绘和渲染，使产品信息更生动形象地展示在受众面前，引发受众的联想和想象，增强好奇心。运用夸张、拟人的角色形象容易引起受众的注意，拉近与受众的关系。

（4）**情节幽默、诙谐、风趣引起共鸣**。消费者常

艺术被广泛地运用在平面广告中。不同行业与产品都有各自不同的特点。例如，以前在电器、电子信息技术行业中，插画的使用频度不高，由于这些行业所强调的是产品的高性能、高科技感、造工精良等特点，其价格相对也比较高，使用期和购买频率要长得多，那么对于广告的表现着重强调产品的使用寿命与性能，所以这类广告使用插画表现手段不太多。那么，随着时代的发展和人们日益增长的审美需求，对于产品的外观也有相对应的改进，相当多的电子产品开始慢慢强调其时尚的外观，不断推出新产品，这类产品的大多数追随者是时尚、前卫、年轻的消费群体。基于年轻人追求个性、特立独行、展现自我等特点，插画艺术往往时常被用做是产品与消费者之间交流沟通的桥梁。

因此，行业的分类与插画风格表现的选用尤为重要。插画艺术的表现风格与形式充分挖掘产品及品牌的特点，利用插画艺术自身固有的夸张、趣味、直观等效果将产品信息传达给目标受众。

常怀着愉悦的心理去接受广告信息，以轻松的心情来购买，这无疑是要求广告信息的传达应迎合目标消费者心理，其中，幽默是最有效的诉求方式。

幽默广告应该包括以下三大特征：

简明：主要是指幽默广告中主题信息和故事情节应该通俗易懂。现代广告要求主题明确、单纯、简明易懂，要将生硬、复杂、费解的诉求转化为生动、浅显、易于传播的主题信息。同时，广告插画故事情节要简单化，强调情节的戏剧性，使消费者在轻松、愉快的心理状态下，直观感受产品所传达的讯息。惊奇：要求情节具有戏剧性，超出受众的心理假设，结局要意料之外，情理之中。在当今这个信息纷繁的社会，面对海量广告信息的包围，消费者已经对其感到麻木、抗拒、逆反，只有那些超乎想象、出人意料的广告才能在消费者心里划下一丝痕迹。循规蹈矩、平淡无奇的"鸡肋"式广告大都会成为烧钱的过眼云烟。笑容：顾名思义叫人发笑是幽默广告最大的特征之一，一则成功的幽默广告插画或是让人捧腹大笑，或是会心一笑，或是暗暗窃笑，所以说真正成功的幽默广告，应该是"笑"果较长、回味无穷。

4. 商业广告插画的设计要求

（1）**强调以信息准确传达为基础**。广告是信息传播活动，其本身的目的就在于信息能够准确传达。插画本身就是为广告服务的，具有很强的艺术性，那么插画作为广告创意表现形式的一种，其具有丰富和渲染产品信息的作用。在信息传播过程中运用插画艺术表达的同时，强调以信息的准确传达为创作基础（图3-27）。

（2）**保持插画的艺术性**。插画艺术与商业插画的区别：插画艺术的创作魅力就在于它具有丰富的题材和表现手法，创作者可以无限制随意地运用各种造型和图形，夸张地、幽默地或抒发情感性地去诠释内心所想，其生动、清晰的绘画语言与观者进行对话沟通。而商业插画则是通过艺术化的构思表达产品信息，用最概括性的图形将产品所要表达的信息转换成具有艺术性的画面。对于插画师来说怎么样能够使观众更加愿意主动积极地接受产品信息，这是每个插画师应当考虑的问题。在插画创作过程中，插画师应该以当下最流行的审美原则和审美体验为主要依据，以目标消费者的审美特征为切入点来进行插画创作，寻求画面与产品相关的各种创作元素和符合消费者习惯的、富有创意的画面，将遵循视觉心理规律和视觉符号把产品信息准确地传达给受众，只有这样才能发挥插画的艺术价值和商业价值（图3-28）。

图3-27

图3-28
学生杜晶晶作业

图3-29
学生赵丽作业

图3-30
学生杜晶晶作业

（3）**保持视觉语言表达的独特性**。随着现代社会的进步和发展，人们进入了数字时代，对于机械图像，如摄影、电脑合成图像，虽然具有快捷方便的特点，但生硬、机械、单调的缺点也是无法避免的，因

此开始渐渐地被疏远，而对于具有亲切感的插画艺术得到了追捧，这就意味着又一个新的插画繁荣时期开始出现（图3-29）。

伴随着数码科技的进步，插画艺术与数码技术相结合，数位板与绘图软件的结合使插画有更多样化的表现手法与创作风格。绘图软件的不断升级更新，其功能也是非常强大的。利用其仿手绘风格的画笔和纸张材质可以创作出接近于纸上作画的手绘效果。为美国加州CR食品创作的插画都是用数位板于绘图软件创作绘制的。在电脑上运用数位板和绘图软件绘制的作品易于迅速修改，大大提高了工作效率，满足人们的视觉审美，更能深入产品主题的表现。对于插画师来说，不同的插画师在创作同样的主题插画时，所呈现的视觉语言特点也是迥异的。

视觉语言包括视觉的基本元素和设计原则所构成的视觉传达的符号系统。在插画创作中，插画师遵循一定的设计原则，运用视觉基本元素：点、线、面与强烈的色彩进行创作，这种独特的视觉语言形式不仅能给观者带来视觉上的体验，而且在情感上使观者产生共鸣，在精神上得到享受，最终实现视觉传播的目的。

（4）**发挥图形传播信息的优势**。随着人们生活节奏的加快，人们的生活习惯也发生了变化，繁多的文字已经满足不了人们，文字让人厌倦，让人不过瘾，在这个时候图片其特殊的传达方式不断刺激我们的眼球。有人说，现在已经进入了"读图时代"，图形符号语言系统是众多信息表现形式之一，其目的是传达信息，这和文字语言的目的是一样的。插画的画面是由图形概念和图形视觉形态这两个方面的内容成所组成。在平面广告中，大面积的图片要比文字更能吸引受众，在平面广告中，文字其最大的作用就是解释说明（图3-30）。

首先，图形语言与文字语言相比较，图形语言能够快速地传递信息，而文字在传播过程中会比较迟缓。图形是世界通用的语言符号，插画创作中，插画师为了传达产品的信息，运用审美原则处理符号与产品信息的关系，从而准确地传达信息。图形符号的语义有两种，分别是直义和转义两种表达方式，直义是直接用所指表达能指来表达含义。转义则是将两者通过某种内在的关联连接在一起，也就是说用没有直接关系的事物表达另一种事物。图形语言已经超越了地域和文化，因为在人类文化发展过程中，图形符号已经成为约定俗成的关联性表达，人类对一些事物的视觉感知方式和结果也是相同的，并且文化的交流与融合都会使图形语言成为世界共同的语言。能指和所指转义的不明确性，就为图形符号增添了趣味性，从而也使插画设计有了更多的创意空间和遐想。例如：爱情是一个抽象的概念，在表达这个主题的时候就可以借助能指代爱情的事物来表达画面。对于广告创意来说，信息的直白传达会使创意平淡无奇，使人乏味，反之借助图形符号的表达方式则不仅可以传递更深层次的意思，而且还可以更好的引起消费者浓厚的兴趣和好奇心，使信息有趣而轻松地传达给消费者。其次，图形语言相对于文字语言在传播信息时其信息传达更为形象、直观和准确。文字语言在传达信息时，由于其本身概括性和抽象性的特点与信息传达者自身的人生经历、主观理解、表达措辞等因素的影响，使信息在传达的过程中会出现不可缺少的噪声。因此图形比文字更具有准确、直观传达信息的优势。同样，图形相对于摄影而言，摄影传达的信息更加客观，而插画图形则更能给人很多想象的空间。插画图形与照片相比较，照片给人的感觉往往是直截了当，一目了然，而插画则可以表达更多的东西，观者在观看插画作品时则会根据插画的内容联想出更多的东西，所以在你看一幅插画时，你看到的永远比你知道得更多。

最后，具有视觉美感的图像可以对人产生直接的视觉刺激。人们总是在追求美的事物，具有视觉美感的图像，人们会对它产生好感，甚至你觉得它好看你会多看几眼，对美的事物都是近乎人本能的心理反应。据研究发现，图像与文字相比，人们对图像符号的记忆更为深刻，因为在视觉传达的过程中，图像符号具有很强的刺激因素，更具形象性地使人参与对画面信息的联想与想象，从而对信息具有加深记忆的作用。

总之，图形自身的直观性、形象性、趣味性、生活感等特征更能准确地与受众进行有效的信息交流，插画艺术这种表现方式不仅具备图形的基本特点，而且有别于其视觉表现形式，在与受众信息传达的过程中，可以更迅速、更准确地传达。插画艺术同时又具备强化主题、美化商品的独特功能，它以艺术的形式传达信息，为产品增添了艺术魅力。综上所述，足以证明广告创作中选择插画艺术这一独特的表现方式来进行创作，在提高视觉审美的同时，也能将信息有效、准确地传达给消费者。

5. 商业广告插画运用的策略

插画艺术发展到现在，其表现手法等方面都有了很大的改善，内容丰富多彩，方式多种多样，使广告插画在商业上具有了十足的魅力。广告插画设计的表现手法很多，例如：运用梦幻、夸张的表现手法；直接粘贴广告式的写实表现手法；运用比较、对照并以此来突出商品特性的手法等。变现手法多种多样，但是具体地运用广告插画时仍需要掌握一些切实可行的策略。

（1）运用知名画作，创造热点视觉效应。随着信息时代的到来，网络普及，加速了信息的传播和交流。各种各样的信息泛滥于社会，人们身处信息的海洋中。由于生活节奏的加快，有时候对于信息的选择也只是从需要的角度去判断和认知。第一，善用名画，增长气势。知名度较高的插画，就能够更容易被受众理解和接受。如，蒙娜丽莎的微笑、大卫、维纳斯等在全球享誉很高的著名大作，常被用于各种产品中，通过各种艺术表现手法，以一种非同寻常的方式展示出来，从而引起更多的关注和停留。这种不寻常的视觉认知，不仅能更好地传播商品信息，还能够让受众更好地接受。再如，曾风靡一时的几米的作品深受青少年的喜爱，面对这种现象，有的企业抓住了这一个商机，及时地以他的作品为切入点，作为所要宣传的商品的广告插画，借以吸引年轻人的注意力。其中最成功的一个就是在清风纸巾中，以几米的一个"向左走，向右走"的故事为基点，充分运用插画的关联性，并将纸巾的特性展示其中，创造了一个经典、唯美的爱情故事。这一广告插画的忧伤格调，将年轻人对于感情的看法深深地联系在一起，使得人们对这个广告插画赋予了更多的情感。第二，借用名师，创造新画。如果名师的作品中没有合适的画作可以达到适合的宣传效果时，可以聘请名师为自己的产品进行插画的创作。比如，绝对牌伏特加酒的广告插画就是一个典型的例子。该企业聘请了一个世界知名度很高的画家，以酒瓶作为画作的基本元素进行创作，作者充分地将产品与潮流时尚和艺术美相结合，创作了一幅又一幅的经典广告作品，成功地掀起了一个"绝对牌伏特加酒"的广告插画的主题浪潮。后来随着服装设计大师、雕刻家、摄影师的加入创作，广告插画越来越丰富，越来越形象，给受众留下了深刻的印象。

（2）**巧用广告插画，锁定目标受众**。首先，明确为广告服务的设计目的。插画的设计是为了广告服务，无论插画形式多么丰富多彩，传达信息必须明确和直观。清晰和明确的表达广告中所传达的信息，从明确广告的诉求点、产品的特性、市场状况和目标消费群体的状况等因素出发。广告插画是广告设计的一种表现形式，因此使用这种形式前，要先对广告主题进行分析和确定。其次，市场调查和确立消费人群。不同的人群在审美上有着千差万别的感受，插画一方面要根据广告推销的产品进行创作思考，同时对产品的适用人群进行分析，他们的视觉接受人群如果是活泼充满朝气的青年人，常常插画表现得形式比较活跃，颜色较为鲜艳；如果受众群体是中年或者老年人，常采用回忆往事，低调平稳的插画形式进行诠释和展现。进而，进行要素的收集和归纳。插画的表现形式是众多广告设计中表现形式中的一种，插画在广告设计中的表现并不是凭空而论的，这种独特的表现形式要根据所表达广告的要求进行归纳和分析，比如，我们对一个产品进行广告宣传，就要先找到这个产品的特点。最后，要运用多种表现手段完成设计样稿。如，直接手绘的技法进行绘画，水彩、色粉、油画棒、丙烯……这些方法可以完成一定装饰性绘画和写实性绘画，装饰性绘画从自然形式和主观归纳中进行表现。造型简洁，单纯，具有一定的形式感，体现了平面化的图案。若是写实性绘画，则对情节性和写实性进行强化。我们也可以用数码手段等表现方法完成一些动漫插画、卡通插画等。无论是手绘方式还是电脑绘制，目的都是运用视觉元素引起关注者的注意和欣赏。

广告插画主要是用来美化商品，从视觉上强化突出商品的主题广告。一个好的广告插画不仅蕴含了艺术气息，还兼具美学的准则，给广大受众以强烈的视觉冲击。在广告的传播过程中，目标对象不是所有人，而是有针对性的特定的目标群体。唯有这样才能更好地设计制定传播方式，并达到特定的理想宣传效果，使目标受众更好地接受产品信息，从而展开独特的销售方式。第一，运用插画，塑造品牌形象，刻画产品特点。在人们的现实生活中，对于经常见到的事物往往印象会更加深刻，对于该事物也会特别的熟悉。而麦当劳在广告设计中就紧紧地抓住了这一点，在广告插图中塑造消费者特别熟悉的，并且还是麦当劳特有的标志——金色拱形门，在该广告中并没有使金色的拱形门完整地出现，而是采用了突出其中的某一个部分，还通过部分文字的提示，让受众自己联想，将该广告插画所要表述的信息补充完整，以此来达到广告插画所要达到的效果。第二，以受众的心理需要为出发点。根据受众的心理需要，着重运用适宜的表现手法，将会达到一个非常好的效果。对广告的受众目标进行划分的方法有很多种，同时也可以划分出很多不同的种类，不同的受众群里之间，又存在着某种差异性。因此，对于不同的受众群体需要采用不同的表现方法。对于儿童受众群体，可以采用童话、歌谣、故事、卡通等色彩鲜艳的、视觉感强的广告插画；对于年轻人群体，则要将潮流、时尚、个性等元素充分发挥，运用夸张、幽默的手法将表达效果发挥到极致；对于老年人群体，需要更多的沉稳的格调，并且结合情、理等画面进行表述，达到理想的沟通效果。

（3）**巧妙地将商业品与高科技相结合**。随着摄影、计算机运用的普及，使得广告设计的发展有了更大的发展空间。采用高科技的各种技术手法，能够使广告插画具有更多的视觉冲击。如：利用各种图像处理软件、手绘等技术，将各种广告插画影像进行修饰、创造。将图片和绘画结合而创造出来的一系列广告，给了人们两种完全不同的现实生活，给消费者传达了一种信息：梦想即刻就可以实现，只要你拥有产品。广告插画在商业中有着十分重要的作用，尤其是在当前市场经济的推动下，广告插画与网络、数码等新兴科技的结合，使得产品的宣传方式也更加新颖。有了广告插画在商业中的立足，产品的宣传效果，销量都在显著提升，充分地达到了商业化的目的。

6. 插画运用于商业广告设计中的优势

（1）**增强视觉吸引力**。一则好的广告首先要能引起受众的注意，平面广告本身是一种视觉刺激，当各类广告铺天盖地地充斥着消费者的眼球，在消费者对大大小小的广告已产生视觉疲劳的"眼球经济"时代，如何让广告成为一种刺激，突破消费者的生理过滤层，引起他们的注意，这是广告创意的基石。

广告的首要任务是抓住受众者的视线，广告插画具有极强的视觉吸引力，广告插画视觉吸引力来源于好的插画创意，广告插图常常借用人们熟知的卡通形象、动漫造型吸引消费者的眼球，或者通过色彩原理、色彩心理造型特点来捕捉消费者的眼球。同时，好的广告插画通过一定的故事吸引消费者，使消费者了解产品的故事后产生了心灵上的互通和共鸣，广告插图不仅要有好的创意，同时要有好的表现方式，因此，广告插画以其独有的优势吸引了消费者的眼球，从而达到消费的目的。就插画本身而言，插画具有一定的从属性、独立性和制约性。插画依附于一定的商品载体或文字等进行一定传播和发展，就插画的独立性而言，又融入了创作者个人的情感、想象力和独特的审美角度。因此，将插画应用于广告设计中，对广告设计的推广具有独特优势。广告插画的目的是为广告本身做宣传，促进消费者产生购买的欲望，虽然它有着自己独特的表现形式，但还是不能脱离固有的目的性和制约性，这种目的性和制约性来源于广告的本身特征，引起消费者的注意，为产品服务，促进产品的销售。

（2）**引发消费者的联想**。仅用图形创意往往体现得过于古板，广告插画常常通过产品形象的再现而诉说产品的功能，广告插画的优点还在于通过一定的想象主观创造了一定的场景，使消费者产生了一定的联想，从而产生了一定的心理变化和情感互动，通过想象和思考完成图像的解读，了解广告传达的信息。插画本身包涵着目的性，视觉艺术形式传达信息是插画艺术的根本功能，插画的创作目的也是更准确、更快速更好的传递信息，这种独特传递信息的能力自然的引发了消费者的联想。简单的广告图形是传达一种信息，而广告插画却让消费者产生了心灵上的触动，广告插画中常常强调了广告插画的主题和情节的设定，广告插画是广告创意形式的一种，插画形式表现广告主旨前，对广告主题进行正确的分析，主题和情景设定正确后加以插画形式进行表现，才能引起消费者的共鸣（图3-31、图3-32）。

图3-31
学生陶颖插画设计

图3-32
学生杜亚男作业

随着物质水平的提高，人们在购物时更多追求的是一种情感满足，因此，在接受广告信息的时候多半也会被广告中的感性因素所打动，作为广告人，一味地在广告中宣传某种商品如何价廉物美不如营造一种意境更能打动消费者。商业插画作为绘画艺术的一种，它不仅具有表象美，同时它还具有深层次的意境美。插画师们自由地运用线条、色彩、表现手段表达对象，其中必然融合一定的风格和情感，消费者在看到作品时也不知不觉将此类情感与广告宣传产品结合在一起，无形中起到了情感渲染的作用，这是摄影难以超越的。

7. 插画应用的商业广告效果

（1）传达了广告所宣传的内容。广告插图不同于其他的插图形式，是因为广告插图有自己独特的表现形式和职能。我们在对插画本身的了解中已经了解到其从属性、独立性、目的性和制约性，广告插画的目的是为广告本身做宣传，促进消费者产生购买的欲望，虽然它有着自己独特的表现形式，但还是不能脱离固有的目的性和制约性，这种目的性和制约性来源于广告的本身特征，引起消费者的注意，为产品服务，促进产品的销售。

（2）吸引消费者注意力的服务。我们常说21世纪进入了读图时代，这种观点并不是说我们对文字的关注力下降，而是因为固有的文字常常转化成图像的形式来表达，这来源于人视觉心理的基本元素和对文字图像本身的感受力不同。当图文共存时，根据网络初步统计，有20%的人对文字敏感，80%的人敏感于图形，因此，广告插图利用"阅读最省力原则"吸引读者的视线，引起消费者的注意，促进商品的销售。大卫·奥格威说过："在图片中注入故事诉求越多，读你的广告的人就越多。"插画运用了其特有形式上的自由性，如漫画、图案、素描、油画等多种交织的技法吸引眼球，最终赢得了赞赏。

四、包装设计的插画运用

包装设计使用插画应用相当广泛，对于市场而言，产品的包装设计是最能联系生产者与消费者的。

由于时代的发展，新技术的出现，使得传统包装的视觉审美发生了巨大的变化。包装设计的功能不仅仅局限在保护、销售和美化商品上，而是进一步延伸到满足消费大众情感和心理等需求上。在知识经济腾飞的时代，一个重要的社会特征就是大众比以往任何时候都要关注和尊重生活中的个体，强调其价值与需求的满足。传统意义上的包装通常采用摄影图片对产品的包装进行设计，以相对真实的产品形象来吸引消费者对产品的关心和注意，长此以往便使包装形象过于呆板和统一。消费品的包装需要将实用性和艺术性相结合，将插画运用于包装设计之中，不仅使传统包装的视觉审美发生了改变，同时也丰富了包装设计的多样化发展，为消费者消费商品过程中带来新的视觉体验。插画已成为包装设计领域里不可或缺的表现形式，它用自己独特的艺术语言为包装设计带来更加丰富多彩的视觉效果。

商品包装的视觉要素一般由图形、标志、文字组成。包装在展示和销售过程中，向大众传递关于产品的信息。插画在现代包装设计中的应用有着相当的优势，借助时尚的插画元素，将产品信息清晰、生动地表达出来，提高了产品的文化艺术价值、产品的识别度以及消费者的认知感，在一定程度上起到了很好的宣传作用。将插画中的元素运用到设计过程中，力求恰当适宜地表达主题，增强视觉表现力，赋予产品新的表现，使得产品在众多同类产品中脱颖而出，从而使消费者引起购买欲望。如今，插画设计以其丰富多样的表现力被广泛应用于产品包装设计，占据最流行包装设计之地位（图3-33）。

包装设计者要通过对插画表现形式的有效运用，不论是在造型上还是在颜色上，都要能够恰到好处地反映产品的特征和主题。随着社会的发展，包装设计的功能不仅仅局限在保护、销售和美化商品上，而是进一步延伸到满足消费大众情感和心理等需求上。在知识经济腾飞的时代，一个重要的社会特征就是大众比以往任何时候都要关注和尊重生活中的个体，强调其价值与需求的满足，在这个阶段，将插画与包装设计很好地结合起来，既能达到包装本身的促销作用，又能很好地满足个体审美需求。

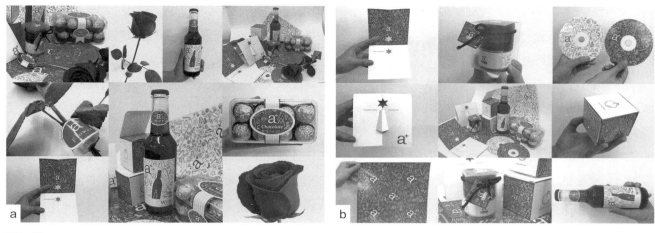

图3-33
学生李明圣诞礼品包装设计

1. 插画在包装设计中的现状

插画在包装上的出现，在中国的雏形可以追溯到北宋山东济南刘家针铺包装纸上的小白兔图案，或者更早时期半坡遗址出土的彩陶盆上的人面鱼纹。早期商品包装上的图形元素多是采用传统技法的插画作品。近代摄影技术出现以后，由于商业的需求，使得包装上众多插画的内容被以逼真性和写实性著称的摄影图片所取代。一方面，由于摄影图片能够更加真实、细腻地表现商品的属性和特征；另一方面，在商业上，它适合更快捷的制作。随着新技术的出现，新的插画创作材料和工具的使用，特别是计算机技术和数字技术的运用，让包装中一度沉寂的插画又焕发生机。

应用数字技术的商业数码插画对包装设计的影响非常的深刻。由于具有更为自由的创作方式和实现工具，从而改变了包装中平面装潢设计的创意和思维方式，产生了新的设计风格和图形语言，使得传统的包装艺术审美和视觉体验都发生了变化。例如，有数码技术特征的像素图像和马赛克图形，被设计者刻意地应用到包装设计中，有的设计师在设计中有意模仿这种风格，从而产生了一种新的视觉审美体验，同时伴随着包装中商业插画的广泛应用，包装的内涵和外延也在不断地延伸。随着电脑绘图技术与软件的进步、革新，曾经效率低下的手工制作的插画现在可通过电脑高效地绘制，并能通过电脑实现各种逼真的绘画效果，像油画的笔触、版画的刀味、水墨的韵味等，而

且绘画图像比摄影图片更有人情味与亲切感。在这样的背景下，插画又以崭新和富有时代气息的姿态重新回到了包装设计的领域，其强大的表现力与影响力已得到公众普遍的关注与认可（图3-34）。

如今插画已成为包装与产品设计的重要表现形式之一，其独特的艺术魅力与丰富的表现语言日益受大众的关注，只要消费者稍加留意就会发现用插画设计或装饰包装的商品已占据了消费市场的巨大份额。包装中的插画设计不仅要介绍商品、宣传产品、促进销

图3-34
葡萄酒包装Elmwood UK, Yin ying IU/英国

售，还赋予产品艺术气息，形成一种审美导向并给消费者耳目一新的感受（图3-35）。

2. 插画给包装设计带来的优势

在包装设计上应用一些具象或抽象的方法绘制传统或现代的插画，不仅可以替代效果单一的商业摄影，而且还能使设计者用绘画的艺术手法更好地提示商品的独特本质，使艺术和商品这两个互不相干的名词相互融合、渗透交叉后形成一个有机统一体（图3-36）。

现代包装插画的许多表现技法借鉴了绘画艺术的表现，而使用计算机及辅助软件为工具所创作的数码插画也越来越多地呈现崭新的面貌。商业插画与绘画艺术、科学技术的联姻使得前者无论是在表现技法的多样性以及表现的深度和广度方面，都有鲜明的进展，展示出更加独特的艺术魅力，从而更具表现力。插画可以不拘一格，根据商品的特性和商品面对的消费群以及设计师的定位，用不同风格的插画，表示不同的商品。

（1）**多样化的表现手法**。对于真实地再现商品的形态，逼真的商业摄影是个不错的选择。而对于要表现商品的特质，强调其与众不同的内涵和品质，采取插画有侧重地进行表现是个更加有效的做法。对于所要表现的主题，插画的手段也有更加多样化的手法和角度来表现，让思维和创意有更大的发挥空间和展现舞台。

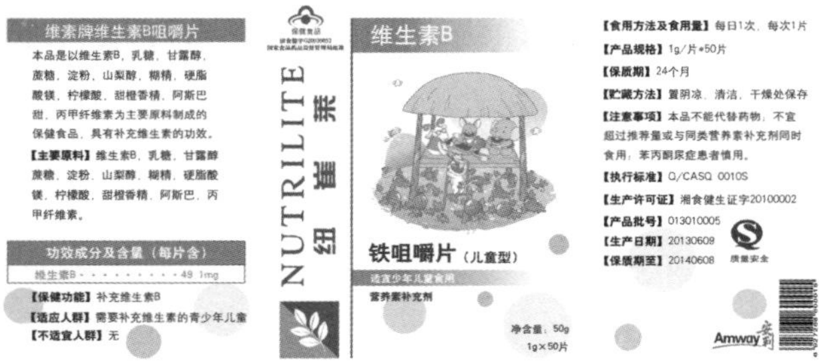

在包装设计上应用一些具象或抽象的方法绘制传统或现代的商业插画，不仅可以替代效果单一的商业摄影，而且还能使设计者用绘画的艺术手法更好地提体商品的独特本质，使艺术和商品这两个互不相干的名词相互融合、渗透交叉后形成一个有机统一体。

（2）**多变的风格**。插画的显著特征之一就是其风格的多变性。可以借鉴插画的创作风格，分析商品本身属性和特质的基础上，创作出具有极强视觉吸引力的包装作品。如针对女性消费者的商品包装可以采取洛可可风格的绘画，用婀娜多姿、千娇百媚、衣饰华美的女性人物形象和风格，纤巧、精美、色泽柔和艳丽、形状飘逸的装饰形象，来体现女性的华美。略去对商品本身属性的描述，而引入有趣对象或情节，这样更加能够吸引消费对象的关注。在商品市场竞争激烈和商品同质化的情况下，商品的个性化包装得到进一步地认可：一方面，帮助商品在同类产品中突显出来，有效提高包装信息的传递，增强包装视觉吸引力，另一方面，可以满足消费者个性化的心理需求。除此之外，还有唯美、写实、复古等众多风格可以融合到服装、化妆品、食品的包装设计中，同样可以获得良好的设计和传达效果。

（3）**丰富的装饰性**。插画本身可以作为一种装饰图形来使用，具有部分绘画艺术的特点，可以创造出具有优雅形式的装饰效果。数码商业插画可以借用和绘制传统的装饰图案纹样，也可凭借视觉语言的特征，在其创作环境中模拟和创新出更多效果的肌理图案，这些既可以作为包装设计的主要图形语言，也可以作为底纹或背景等辅助图形，以获得更加多样化的艺术美感。

3. 插画在现代包装设计中的作用

（1）**视觉信息的诠释**。现代产品在作为商品进行销售的过程中，需要表达商品信息以及商品内容，然而现代商品大量丰富，各种琳琅满目的式样，都让消

图3-35
学生王凡包装设计

图3-36

费者应接不暇，无从下手，常常为具体选择购买哪一款商品而迟疑。产品对于消费者的吸引，需要的就是形式最为友好、直观的传播表现方式。视觉是商品魅力的来源，科学得出以上的信息来自于视觉，如果设计人员对包装视觉上的把握与运用能够直接反映内在物品的某种特性，这种商品就很有可能成为购买者的首选商品。作为包装插画的主题确立必须鲜明、准确，用直接的联想，使人对包装内在的物品有一个基本概念的印象。产品实物形象一直以来是产品包装图形设计中运用最多的手法，它通过写实插图或摄影图片来对产品进行视觉传达，使消费者能直观地了解商品的形、色、质。在产品形象的传达过程中，也可以通过特写的手法突出产品局部，从而在整体上形成强烈的视觉冲击力和说服力。现代产品多爱借助包装插画来博取消费者的信任从而进行自身的兜售。

产品包装设计的视觉要素主要来自于包装上的图形、色彩、文字等。这些元素都强调着视觉上的冲击力，作为产品，大家都在考虑着如何能抓住消费者的眼球并吸引消费者进行购买，因此产品外包装的表现力就是自身产品与其他产品区别开来的一种强有力的手段。包装设计中的插画，不管在图形的设计上，还是在配色上，都力求恰到好处地表达主题，避免大众在选择的过程中对视觉信息产生误读。通过产品插画表现出的产品相关信息，增进了企业与消费者之间的了解，激发了消费者的购买欲望，促进了产品销售服务，最终树立起品牌形象。成功的插画甚至可以替代广告文字起到引导消费和传达产品信息的作用。视觉时代的来临，让我们需要快速转动思维去更好地把图文信息进行整合，用插画当中那些诸多新颖、独特的画面给消费者带去极为震撼的视觉感受，最后做出美观悦目的设计，这种强烈地视觉冲击力和吸引力被事实证明是重中之重的设计要点。

（2）**辅助内容说明**。包装是产品由经设计生产转入市场流通的一个重要环节，它是产品市场营销中的重要手段。包装插画在这里是决定产品设计成功与否的重要成因之一，它不但在视觉上需要具有自身所特有的艺术形式，还需要通过视觉传达等多种要素向消费者传递和说明内在产品的内容。

现代包装插画的基本诉求是将内容简洁、清晰、明确地传递给消费者，引起他们的兴趣，努力使他们信服所传递出的内容，采取购买的行为。在消费者的审视下，插画把强化和夸张商品特性的作用较好地发挥了出来，使得它在某些方面可以压倒其他的商品。当然这不仅要感谢产品本身过硬的质量，还有更为重要的是对消费者精神感知的明确定位，这全然依赖于艺术和技术合力的结果。插画通过包装给商品本身赋予了不同的造型形式，使商品拥有了人情味和个性化。包装插画在强调商品的特征时，其间穿插的动作、语言与商品内容息息相关，这样所起到的宣传效果较为明显。

（3）**注入人文气息**。现代包装设计应在情感上与消费者建立联系与共鸣，不仅要促进商品的销售，还要体现品牌对消费者的人文关怀。包装设计应具有一定的持久性，不会轻易地被市场淘汰或被消费者遗忘，经得起时间的考验，其成功的关键就是满足了消费者内心深处的感性需求。插画与摄影都可以非常真实地再现现实的物体及场景，尤其通过电脑制图软件修饰后可达到以假乱真的地步，但插画所具有的绘画属性、丰富的表现语汇，是摄影技术无法企及的。摄影虽然可以通过光色来艺术地表现对象，但其表现力是有限的，当表现诸如水墨、油画这样的技法时显得无能为力。插画向来被称为"小绘画"，指的是它在风格、语言、技法等方面与绘画艺术是无二的，只是绘画更倾向于主观表达，而插画要受制于它所服务的内容，有一定的从属性。用插画手段绘制的产品形象或包装装饰比摄影拍摄而来的图像多了绘画感、艺术感、生动性及人情味，使得商品富有人文气息，也为消费者带来审美的享受与愉悦，拉近商品与消费者的心理距离。

（4）**商业价值的转换**。现代包装插画是多元化融合的产物，不同时期艺术与技术的发展更新都能够深刻地揭示出商品的本质，从历史中去获取绘画风格和优秀传统文化的资源，结合着设计者的构思，用不同的表现技巧，创作出更多富有艺术魅力和实用价值的包装作品。用现代商业性质的包装插画和传统的艺术绘画做个比较，艺术绘画是为部分人群服务的，在小范围内传播，而商业插画借助着广告媒体的发布流传于市，在短时间内受到千万计的瞩目，同时出色绝佳的画面和形象又会形成视觉潮流，引领时尚。包装插画那独有时代性的语言，以及其中所涵盖的绘画艺术也是世界通用的语言，它体现了时代的精神，阻断了产品同质化的加深，凸显了品牌的个性，赋予了产品生命。

4. 在现代包装插画设计中应遵循的原则

（1）**具有针对性**。在商品经济社会里，任何的商品都被划分为一个个精细的类别。商家这样做的目的无非是对消费群体和他们的需求加以细分，然后为不同的群体提供满足相应需求的产品。无论是产品自身还是产品的包装都应具有很强的针对性，包装上的插画更要从属于所服务的产品。设计师应围绕产品，有针对性地选择和设计相应的图形、色彩、表现形式等。插画的设计需要形式服从内容，同时插画的格调要与产品的定位与属性一致，假设用民间剪纸去表现肯德基薯条的形象，虽然非常个性与新颖，但这样的包装插画恐怕很难勾起消费者的食欲。

（2）**体现民族性**。随着商品流通与全球经济一体化进程的加剧，商品日趋同质化。想要在同类商品中脱颖而出，不仅得靠产品自身的质量或品牌影响力，还应在设计上寻求突破，建立个性差异化。要在白热化的竞争中凸显自身的品质与优势，民族化设计无疑是可供选择的明智之举。民族化的包装设计是一个民族的文化传统、审美心理、审美习惯等的集中体现，是民族审美意识和民族设计表现形式的集合体。将文化观念和民族风格表现在包装设计中，会提高品牌的内涵并使产品具有一定的文化根源。鲁迅先生曾说过："只有民族的，才是世界的。"在包装设计中，越有民族特点的设计，就越有世界属性，越不容易被外来文化的包装设计所同化。

（3）**彰显时代感**。包装设计文化是一个历史发展的过程，是以该时代的物质社会为基础的，总会带有时代的烙印。随着社会生产力的发展与进步，包装工艺和包装材质也总是在不断更新。最能体现包装时代性的，莫过于包装设计观念上的与时俱进。包装设计既能引导社会消费审美风潮，又受大众生活和文化的

影响与制约。随着数字时代的到来，现代包装上的插画设计在创作手段、表现形式、应用范围等方面已发生了翻天覆地的变化。比如数码插画就是电脑时代的产物，其存在的前提是电脑和电脑制图软件的应用与普及，它凭借其自身强大的模仿能力与高效制图的优势，迅速将曾经因为绘制效率低下、应用范围狭小而被冷落的插画这一传统艺术门类又带回到了包装设计的世界。

由于数码插画的参与，使得现代包装呈现出了数码时代的特点。插画在包装中的应用，赋予了包装新的装潢形式与视觉传播理念，给包装设计带来的是全新的包装手段与视觉效果，并增添了艺术魅力与文化内涵。插画既能达到摄影图像所呈现的效果，又有多种绘画风格与数字图像的特点，给包装设计带来新鲜创意的可能性是无法估量的。由此，对于包装设计从业者来说，更应该深入研究插画设计的创作规律与艺术形式，以期创作出更多富有个性与新意的作品，树立良好的产品形象，促进包装市场设计水准的提升。

5. 创意插画在包装设计中的应用

（1）**创意插画在包装设计中的形式感**。一个优秀的包装设计作品如同魔法一样，没有语言，却能征服世界。形式感的强弱是评判产品设计好与坏的重要标准，包装的形式感主要是由图案的形式、构图的形式和文字的形式决定的。产品包装设计中，创意插画的形式感是通过包装展示面设计中的一些设计要素来表现的，如创意插画的图案、外形、大小、位置等一系列的比较，构图充分考虑了包装展示面整体的韵律感。中国画的创作在空间的处理上经常讲求画面虚实要相互呼应，同时也要做到疏密变化，以获得较好的形式感。产品包装插画在包装设计中的构图形式也可遵循这个道理，通过对展示面的合理分割，制造相互呼应的效果，营造一种完美的形式感。好的包装设计作品只有具备良好的形式感，才能使其艺术品位得到提升，受到人们的喜爱。

（2）**创意插画在包装设计中的色彩感**。色彩是日常生活密不可分的伙伴。在组成包装展示面设计的文字、图形、色彩三大要素中，色彩设计给人们的冲击力往往是最大的，并且会产生第一感觉。完美的色

彩搭配会进一步提高艺术品的内涵，满足人们对作品的审美需求。因此，色彩在包装设计中应用得恰当与否，将直接影响包装设计的效果。

6. 包装设计中插画的创意分析

包装中的图形语言，传递着商品的信息，能够超越语言文字的限制，跨越地域和文化的差异，能够以强大的"软"力量来打动和吸引消费者，并产生购买行为。包装中运用插画，就是要获得最佳的商品视觉信息传递、形象体现的同时，让整个包装充满个性和创意的闪光点，获得更加震撼的视觉表现力。

包装设计中常用的插画根据应用的具体形式，可以分为传统图形和数码视觉图形这两大类。

（1）传统图形的应用。将传统的插画图形引入到包装设计中，要设计出具有符合时代审美特征的包装作品，前提要对传统文化有深刻地认识和理解，才不会陷入仅局限对图形符号借用的困境。中国有着深厚的文化底蕴和历史文脉，除了代表传统文化的龙凤纹、汉字书法、笔墨、山水画等符号，还有数不清的富有地域特色的民间图形图案，比如建筑、民族服饰等图案。在应用时避免"拿来主义"或照搬照抄，一定要在深入分析图形背后所蕴含的精神价值同所表现商品之间内在的联系之后，再将传统的图形进行变化、提炼和创新，以全新的创意来诠释历久不衰的传统文化与现代包装艺术的融合。

包装领域中有关传统和具有民族性的商品，例如食品、地方特产、旅游纪念品等比较适合采用这样的手法。

（2）数码图形的应用。数码视觉图形是伴随着计算机技术和数字技术诞生后出现的一种新的视觉图形形式。包装中，这类图形有强烈的数码视觉特征，由于该类图形本身形式多样，表现手法多变，在视觉上所呈现的风格也多种多样。并且它会把插画的风格和特质带入包装设计领域，形成新的设计语言。一个显著的提升就是包装设计的抽象和虚幻表现能力的增强，模糊了某类风格和手法只对应某类商品包装的概念。

正是这种特点，它被应用在许多寻求与标榜个性的商品包装中。同时，一些数码电子消费类产品的包装也经常采用这类手法。一方面，该类商品含有高科技价值和数字化技术特征，用传统的表现手法很难把这样的特质表述出来，同时商品还有着某种未来感的表征，因此用数码视觉图形来创意表现似乎成了最佳的手法。

7. 包装设计对插画应用提出的要求

（1）突出包装的信息性。现代包装设计在流通和销售过程中，必须向大众传递一定的信息。借助于图形、文字、色彩等设计元素，用具体表现或抽象的叙述方式，把商品重要性的信息完整地表达出来，力求简洁明了而富有视觉冲击力。包装设计中的插画，不管在图形的设计上，还是配色上，都是力求恰到好处地表达主题，避免大众在选择的过程中产生信息解读的误差。另外，包装设计中所容纳的信息量是有限的，这要求应用其中的插画的视觉形式不但注重信息感的准确表达，还要注意信息的主次与追求创意的巧妙与独特（图3-37）。

（2）体现包装的情感性。流通在市场中的包装设计既是一种商业活动的媒介，对大众来说也是一种文化产品。要成功地销售出其包装的商品，必须在感情上成功地让消费者认可和接受它。这种情感化的包装设计策略是以间接的方式来表达商品诉求，在同类商品中独树一帜，市场销售效果良好，也体现了插画在包装设计中的优势所在（图3-38）。

图3-37
葡萄酒瓶设计/Beth Elliott, James Jean, Mr.Keedy

图3-38

图3-39

图3-40
学生陶颖插画设计

（3）**传递包装的民族性**。要在琳琅满目的商品中凸显自己，表明与众不同的品质与内涵，回归民族路线是明智之举，也刚好印证了"只有民族的，才是世界的"的说法。从文化继承来看，应该强调民俗与传统在包装设计中的内涵，这样也会使商品具有一定的文化根源（图3-39）。

（4）**彰显包装的时代性**。时代的进步，社会所发生的技术革新，都会对商品的包装产生深刻的影响。作为直接服务大众并扮演引领起精神价值双重角色的包装设计同时代的发展同步前进。现代包装插画的风格是多元的，为了更深刻地揭示商品的本质，可以运用千百年来诸多大师的绘画风格和优秀的传统文化资源，结合自己的设计构思，用不同的表现技巧，创作出更多富有艺术魅力和实用价值的包装作品（图3-40）。

第二节

环境艺术中的插画设计

一、室内环境的插画运用

随着室内设计艺术的发展，插画艺术逐渐在室内设计中运用，这样既可以缓解传统插画市场的竞争，又可以开拓室内设计的新市场，因此，对于插画艺术和室内设计来说，具有重要的意义。插画艺术在室内设计的运用，可以为插画市场的发展带来新的活力，能够促进插画市场的发展。对于室内设计来说，在室内设计中采用插画艺术，可以增添空间装饰的趣味性，能够适应时尚装饰设计的发展趋势。在现代化的室内设计中，插画艺术成为室内设计的新元素，在室内设计中占有重要的地位。

对于不同的场所所选用的插画艺术的内容也不相同，因此说，插画艺术受到居室的功能影响。对于客厅可以选择端庄"高大"上档次的绘画装饰，这样可以带给客人耳目一新的感觉。对于卧室的装饰可以选择浪漫温馨的画面进行绘制，这样可以给居住者一种轻松愉悦的感觉。对于餐厅的设置可以选择果蔬花卉等绘画图案，这样可以激起就餐者的食欲。对于走廊和玄关的装饰可以采用一些抽象或者插画为题材的绘画，这样可以带来独特的艺术效果。插画艺术的自由洒脱成为设计师的追求。插画艺术在对室内的点、线条、墙面进行处理的同时，赋予这些结构新的内涵，插画艺术是室内居住者的思想意识的语言表达，插画艺术者需要在了解室内居住者的内心想法之后，对手绘艺术进行创作。插画艺术可以融合室内的设计风格，能够密切装修风格"家具摆设"颜色搭配之间的关系。在室内的设计中，不同的风格，采用不同内容的插画艺术，可以达到和谐的画面效果。例如，对于中式装修风格的室内，可以选择绘制国画书法等；对于欧式装修风格的室内可以选择在室内绘制抽象体裁的图画。

1. 插画艺术在室内设计形式的优势

插画艺术在室内设计中的优势主要表现在下列四个方面：

（1）**保存时间长**。在室内设计中采用插画艺术，可以对墙体进行美化，而且具有不褪色、不脱落、抗腐蚀的特点。插画艺术在颜料选择时，需要使用新型的绘画原料，即丙烯，这种原料可以依附在墙面，并且不易脱落。

（2）**变化多样，个性张扬**。在室内设计中采用插画艺术，通常是绘画人员直接在墙面上作画，因此，

在进行绘画时，需要充分考虑居住者的心理进行构图，并且颜色的选择需要整体把握，力求融入室内的设计风格中，这样可以满足居住者的个性要求，能够营造出温馨舒适的居住环境。

（3）**无毒无害，无污染**。在传统的室内设计中，通常采用的装修材料和油漆可以释放出甲烷等有害气体，威胁到居住者的健康，而插画艺术采用的是丙烯颜料，这种原料不会对人体产生危害。

（4）**满足居住者的要求**。插画艺术可以依据居住者的要求，进行创造，这样可以为居住者提供良好的生活环境。

2. 室内家居墙画中的插画设计

随着人们生活质量和审美水平的不断提高，人们追求个性与时尚的需求也日益增长。普通的白墙已经满足不了大众的审美需求，充满个性与创意的手绘墙画日益流行。作为室内墙面装饰重要组成部分的手绘墙画，丰富了室内装饰设计的创作语言与表现形式，并在家居环境设计中起着重要的作用。

室内家居墙画中的插画设计题材丰富，也呈现出多样的风格，有典雅复古的中式风格、简约时尚的北欧风格、自然恬静的田园风格、童真童趣的卡通风格等。中式风格的墙画图案主要选择中国传统的图案、纹样等，或以中国画写意的表现手法表现的山水、花鸟图案；北欧风格墙画图案多为比较抽象的图形，色彩上崇尚黑白灰的色系或者艳丽的色彩；卡通风格的墙画图案多为色彩明亮丰富的卡通动物、人物形象。不同风格的确定及墙面插画图案的设计要根据家居主人的年龄、职业、性格、审美品位等特征以及家居空间的整体装饰风格和功能需要进行设计，同时在色彩设计上也要和整体的设计风格一致。

墙画的设计和装饰中的主要环节有：

（1）**插画墙面的选择**。在进行插画艺术，可以选择在毛墙上进行绘画，也可以在没有刷过清漆的玄关"模板"家具上进行创造。对于一些水泥地面瓷砖也可以进行绘画。在进行插画艺术的创造中，需要确保墙体的湿度以及墙面的平度，这样才能够确保插画艺术的效果。在插画艺术完成后，需要等到插画艺术彻底晾干后，才可以对画面进行局部的修饰。

（2）绘画和其他设计元素的搭配。在室内装饰中，需要协调手绘艺术和其他设计元素的关系。在进行插画艺术前需要充分地了解室内的设计风格，选择相匹配的插画画面。另外，还要依据居住者的喜好、生活习惯选择合适的颜色，这样才能够确保居室设计的合理性。

（3）手绘艺术的步骤。在进行手绘插画时，对插画墙的上色成为插画艺术的关键步骤。首先，需要设计整体框架，需要对室内的布局进行合理的规划，在了解室内的装饰风格和家具摆设的基础上，确定设计整体的框架。其次，是勾勒轮廓，需要依据设计的要求，勾勒出插画艺术的轮廓。在勾勒轮廓中，需要正确地使用画笔，合理地规划粗细线条，这样才能够为上色做准备。最后，是上色，在勾勒完成后需要对插画图画进行上色。在上色中，重视颜色的搭配协调，控制整体的效果。还要考虑到室内的采光和色彩的饱满度等因素，这样才能够创造出颜色合适的手绘艺术。

（4）插画艺术的后期维护。在插画艺术创作完成后需要对手绘墙体进行维护和保养，从而确保插画艺术图画的持久性。要在插画艺术完成后，对室内进行适当的通风，确保插画画面及时风干。手绘墙可能会受到粉尘的污染，在插画画面彻底风干之后可以取湿布擦拭。

随着人们审美水平的提高，在室内设计中，家居墙面的装饰成为室内装饰不可缺少的一部分。插画艺术凭借其独特的艺术性，受到广大消费者的追捧，符合人们的审美价值。墙体插画可以满足人们对时尚艺术设计的追求，插画艺术可以依据室内的空间结构进行艺术的创造，对于空间结构设计不足的地方，可以采用插画艺术对其进行美化。

3. 插画在时尚家居设计单元中的应用

（1）插画对时尚家居设计单元的影响。首先，是插画自身的时尚性对家居设计相关设计单元的影响。科技的进步使一批热衷于此的插画家不断创作出有别于先前传统插画图形语言的艺术作品，并且通过网络传播，于是这种具有独特风格的绘画图式在习惯上被统一的、不加分类的称为"插画"，由于其中的作品融合了当下时尚流行元素，如涂鸦、漫画、潮流图形等元素，而成为时尚流行文化的主力，而带有这种风格的插画作品也常常被家居设计师应用到自己的设计领域之中，这也是家居设计市场在时尚潮流面前所摆出的相应姿态。

其次，是插画情趣性所造成的影响。时尚家居产品的受众群普遍受过良好的教育，乐于接受新事物，并且追求自由以及个性的独立，较为保守的家居设计不能满足他们的要求。例如，近些年越来越多的家庭在修饰墙面的时候采用DIY（Do it yourself）的理念，自己在墙面上绘制插画。其目的是增添生活的情趣，这点正好契合插画的艺术特点，所以家居设计的诸多产品上都出现了插画的身影。这也正是家居设计受插画艺术的影响而进行的自我调节与发展。

而后，是受插画装饰性的影响。家居设计本身的目的就是为了美化生活空间，给自己创造舒适的生活环境。这也就体现了装饰的必要性。但是作为时尚家居设计，其装饰元素得契合当下流行风尚，而插画则是十分适合的。插画应用于家居的装饰，使家居设计产品摆脱了装饰图案选择的单一性，不仅丰富了装饰元素，同时也拓展了家居设计整体的艺术气质。

（2）时尚家居设计元素对插画的影响。时尚家居设计相关元素对插画的影响表现在如下两个方面：

第一，对插画创作方向具有一定的导向性。这一点并不适用于所有的插画创作，因为插画的基本含义是"插在文字中间帮助说明内容的图画"，可对正文内容作形象的说明或者起到艺术性的作用；当今书籍插画市场的竞争越来越激烈，而时尚家居设计中所需插画样式的装饰元素正好为插画艺术家又增加了一处市场，家居设计中所适用的插画类别和式样就会被一部分插画艺术家所关注，所以对他们的插画艺术创作有一定的导向作用。

第二，插画产品相对单一，一般多为出版物（传统纸质出版物与电子出版物），而插画介入时尚家居设计的各设计单元后，极大地丰富了插画设计产品的多样性和拓展了插画的可使用范围。

（3）插画设计与时尚家居设计元素的艺术互动。无论是插画设计还是时尚家居设计，无疑设计师从中扮演了重要的角色。在插画艺术与时尚家居设计的合作之中，设计师们也在有意无意地进行着角色的反串。首先，插画艺术家的作品如果应用到家居设计之中，作为插画家本人也不可避免地参与到家居设计活动中来，需对设计对象有统一、整体的把握后才能设计创作出适合的插画以符合家居整体设计要求。同样，家居设计师如果需要运用插画元素于自己的设计对象时，也会考虑插画形式类别的合适性，甚至亲自动手绘制插画。

另一方面，插画艺术与家居设计的合作，是一种跨界的文化交流活动。在文化交流的背后是经济的利益。插画艺术家与家居设计师在双方的合作交流之中，各自利用对方的优势来补足自我不足，来开辟更加广泛的市场，带来最佳的经济效益。另外，近年来有许多产品生产厂家邀请插画艺术家对自己的产品进行现场涂装活动或者推出印有插画家作品的限量款，以丰富产品的艺术内涵，突出产品的艺术价值。

（4）墙壁装饰类插画应用。

1）壁纸。壁纸真正大面积随其他装饰材料走入居家生活，还是在20世纪70年代末80年代初开始。但因为过去的发泡壁纸有自身的缺点：不耐磨、容易剐伤、易受污。而近些年因为技术的进步，壁纸对于色彩、图案的表现力越来越强烈，质量也越来越可靠，所以插画家可以有充分的创作空间，而不必过分担心工艺问题。

而当下插画用壁纸的优点也显而易见，墙纸是由插画艺术家并会同工艺师制作，由家具设计师选用，这样一来壁纸就具有工艺审美性与独特的个性风格，符合时尚的潮流。它能最方便快捷地改变墙面风格与气氛，使环境变得生动丰富。并且安全环保，易于日常清洁打理（图3-41）。

2）天花装饰。对于时尚一族来说，普通的吊顶天花太过于单调与平淡，不能突出自我的个性，但是有三种方法可以解决此问题。一是，利用上文提到的壁纸；二是利用贴画，这是类似于壁纸的装饰材料，面积仅限于插画范围周边，可以重叠使用于壁纸之上；三是利用手绘，手绘可以更自由地绘制插画装饰空间，可以突出情趣感（图3-42）。

3）地面装饰。地面的修饰点到即可。插画用于地面装饰时，不太适合运用于地板砖、木地板等载体，一是考虑到耐磨性。考虑到过度的装饰有可能破坏整个家居环境的视觉舒适性，所以，插画的最佳载体是地毯。插画与地毯的结合可以调节室内地板的单调性，活跃气氛。插画在墙壁装饰类的设计运用时的创作应遵循两点要求：第一，绘画语言的简练。这是因为家居需要舒适惬意的环境所决定的。第二，绘画风格的统一。如，墙壁、天花、地板三个平面构成家居环境的空间，三个平面上的插画装饰需要在造型、色彩上有统一的风格，不然会造成混乱的效果（图3-43）。

（5）布艺产品类插画运用。布艺产品是家居设

图3-41　　　　图3-42

图3-43　　　　　　　　　　　　图3-44　　　　　　　　　　　　图3-45

计中后期配饰单元重要的部分之一。一般来说窗帘的图案多为布料本身的装饰纹样，工艺以丝网印制、印染、刺绣为主。而考虑个性化需求和成本因素，丝网印制更有利于个性化的设计制作和成本的控制。其次，床上用品是家居设计中重要的一环，插画介入床上用品的设计所面临的问题与窗帘类似，但以靠枕为例又有些许不同，在于靠枕的面积较小，所以可以使用的工艺也就相对于窗帘较多，表现手法也就相对丰富了（图3-44）。

（6）**家居日用品及陈设品。** 家居日用品及陈设品是插画最易涉足并且最易被大众接受的产品。这里插画的使用分为两种类型，一种是把插画印制在产品上。插画家的插图作品受到市场热烈反馈后会有计划的推出插画的周边产品，以取得插画产品的更多利益，这种方法因为操作简单所以相关产品较多。在台湾人气插画家几米的个人网站"几米spa"上出售一款名为"郁郁葱葱陶瓷乳液罐"的商品。这款商品的来源正是几米的插画作品《月亮忘记了》。在网站中是这样介绍这款商品的："蓝天、白云、清风、草香，还有那郁郁葱葱一眼望不到边的绿，所有的灵感都来自对大自然的敏感。让你生活更贴近自然！"这可以说是插画与家居日用品跨界合作的典范，几米把受大众欢迎的插画应用于家居产品设计扩展了插画的产品

范围，同时也为家居生活用品增添了情趣。另一种类型是利用原插画形象制作的三维实体产品（图3-45）。

4. 新中式风格插画在软装设计中的应用价值

近几年，设计领域中"轻装潢，重软装"之风盛行，说明消费者开始重视欣赏艺术并愿意将其带入日常生活中；随着经济文化等综合领域的发展，更多消费者愿意将目光专注于具有民族文化韵味的软装产品上。而单一的新中式风格插画在设计中显得较为单薄，所以将新中式风格插画应用于软装设计中，相互结合，找到适合自身情感表达的方法。

中国传统绘画具有一定的稳定性，从历史发展过程来说，它处于不断发展和演绎之中，新的绘画不断产生，旧的绘画元素也被加以利用和创新，在不同时代传达着新的文化观念。新中式风格插画的内涵是将具有中国传统韵味的画面进行再创作。"再创作"在此指将传统山水中的创作精神内涵提炼出来，以创作精神为主体引出的切入点。提炼艺术情境并融合当代插画创作的思潮中，创造具有独特个性的设计。在这基础上进行深入研究，将新中式风格插画的软装方面融入日常生活中。

（1）**新中式风格插画在软装材质应用上的创新。** 传统意义上的插画多半是以纸面为载体进行创作，绘画方法类型较为单一。新中式风格插画是在对中国文

化充分理解的基础上进行的创作，将新中式风格插画与综合材料结合，依据画面带来的效果，巧妙地将综合材料与插画本身融合，进行语言形式上的创新。使软装设计具有更强的独特性、创新性及审美价值。纸面绘画运用色粉+针管笔+彩铅进行绘制，后期综合材料制作上更加多元化，例如:薄铁片、大头针、沙子等，综合创作的后期制作是为了更好的突出插画主体。

（2）新中式风格插画在软装设计中的表现形式。新中式风格插画的软装设计是集精神性、原创性等优点于一身，它的推陈出新会让广大群众耳目一新。商家根据软装行业自身的特性，结合插画技巧和精神理念，使新中式软装产品更具有独特性、生命力和艺术感。

1）独特性。新中式风格插画应用于软装行业的特殊性，是通过对传统绘画概念的理解、民族文化特色与艺术创新，加上插画创作的基础进行创作，并与综合材料的多样性结合。在艺术表现形式上有变形、夸张等手法，综合来表达创作的精神思想，最终达到画面的协调与美感。①对于室内空间来说，功能性和艺术性都是必不可少的，室内作为人类生活起居的空间，任何软装饰要素都是以服务于人的需求而开展的。消费者在购买产品时，已不是将画面呈现的美丽内容放在购买条件的第一位。更多关注的是带给消费者的第一感观：是否具有实用价值与精神价值。创作者应坚持"以人为本"的理念，关注"人"的精神需求，将生活中领悟的经验融合到创作中，经过自我的感化将插画艺术与人的生活紧密结合，将元四家的人文绘画精神融入其中。中国传统人文精神结合当下发展情势的插画创作，应用在软装设计是必然的趋势，三者结合，既可以突出中国艺术文化的源远流长，又可以展现插画创作的创新性和软装行业的可容纳性。②根据软装行业中的要求，将插画与综合材料进行富有表现力的加工，迎合社会的发展，根据审美需求作为构成要素，展示创作理念。插画在软装行业中的应用已慢慢步入寻常百姓家，并有着日益显著的增长趋势。让消费者感受到意想不到的视觉效果，产生一种信息传达的功能，满足了消费者对软装设计的需求（图3-46）。

2）创意性。软装设计的创意性有很多种：具有民族本土文化的特色的产品是比较吸引客户的，软装设计中的插画情节是富有趣味性和感染力的。新中式风格插画是结合中国传统风格绘画在当前时代背景下演绎的作品，是对中国传统文化理解的基础上进行的设计，结合插画及综合材料的软装设计。在消费人群审美的基础上，做到画面风格独特，与市场的主流风格有所区别，旨在更好地服务消费者的生活。同时提炼软装设计中值得延续的点或面，将具有质朴、素雅的气息融入传统绘画之中，在绘画创作上采取独立插画的表现形式（图3-47）。

图3-46

图3-47

5. 家具中的插画应用

家具是实用性与艺术性相结合的产物，实用性是指它是人们生活中必不可少的实用性必需品，与人们的生活紧密联系在一起，能够满足人们的使用要求；家具的艺术性体现在对人们生活的美化，为生活环境增添美的因素。

家具的美主要体现在两个方面，一个是家具的构造方面；另一个是家具的装饰方面。在这里我们主要来探讨一下家具的装饰设计。家具的装饰设计是指家具结构制作完成后对家具表面的装饰，也是家具制作的最后工序，要使家具获得完美的艺术效果这一步很重要。家具的装饰处理手法很多，综合可以分为以下几类：

（1）材料纹理的装饰处理。利用物体本身的天然纹理来装饰家具的表皮，如木材，使家具具有一种自然的美感。

（2）线型的装饰处理。利用线型的分隔改变面的形象，借助阴阳的凹凸效果，来丰富立面的层次效果。

（3）图案的装饰处理。利用具象或抽象的图案来装饰家具的表皮，使家具具有更丰富的艺术内涵。用图案来装饰家具古来有之，在中国古典家具中就有许多以植物、动物、人物等为主题的图案装饰，强烈表达了当时人们的审美情趣、生活习惯、风俗人情，将插画这一图画形式运用到家具设计当中，是因为插画具有很强的故事性，可以给人带来无限的遐想；主题突出，有很强的代表性；绘画性很强，具有独特的装饰性。可以为家具带来鲜活的生命力，能使家具更具趣味性，充满艺术感染力。这样就满足了家具设计的最基本要求——科学与艺术的完美结合。

现代家具以板式结构家具为主，家具的表面装饰也大多以材料纹理装饰为主，在针对时尚人士、青年人、IT人士、少年、儿童人群的家具设计，以材料纹理装饰或是线型装饰的家具显得过于单调，不能满足他们对时尚的追求。为了满足他们的喜好，对于时尚元素的追捧，我们将流行的插画运用在家具的装饰设计当中是最合适不过的。这样的家具装饰设计不仅充满了艺术性，同时也让家具充满了趣味性，充满

童趣。非常适合主题鲜明的场所，能够很好地呼应主题，起到装饰空间和画龙点睛的作用。从插画的基本诉求功能来看，我们将插画运用到家具装饰设计当中，能够使家具传达具体的信息，激发消费者的兴趣，增强说服力，强化家具的感染力，刺激消费者的购买欲求。当然，用插画来进行家具的装饰设计，只是家具装饰的一个方面，根据插画艺术的市场占有率来看，这种家具装饰手法具有很大的市场空间，它有特定的消费人群，而且这部分消费人群是目前市场上的主流消费人群，所以很具市场价值，符合市场的运行规律，是值得广大的设计师和家具生产企业使用的一种家具装饰手法。

二、室外环境的插画运用

插画在建筑外装饰中的运用，配合设计师丰富的想象力，巧妙地处理各种材料，可以创造出独特的空间感。建筑外的墙体彩绘作为建筑物的附属部分，既可以附着于一个建筑或者环境整体，又可以独立存在，它的装饰和美化功能使它成为一门环境艺术，与周围环境相映衬产生非常奇妙的火花。

1. 插画在建筑外立面的应用

插画在建筑外立面的应用，着重的表现在墙体彩绘上，插画的装饰性特征通过色彩的主观性、造型的图案化以及材料与制作工艺的多样化而体现。彩绘墙集合墙壁本身的特点，与周围环境的映衬，产生非常奇妙的碰撞。墙体彩绘，作为建筑物的附属部分，它的装饰和美化功能使它成为环境艺术的一个重要方面。它可以附着于一个建筑或者环境整体，又可以独立存在。例如，在马来西亚槟城的某街道小巷内，一幅绘制于墙面上的普通绘画：姐弟俩欢快地骑自行车，配合一辆真实的自行车道具，吸引了众多居民与路人前来参观，并争相摆出各种创意造型，于是就出现了一个个非常有趣的场景，非常有创意。

2. 插画在室外手绘墙中表现手法

插画运用在室外空间主要以城市公共空间为主，通过建筑外立面，窗户，屋顶等载体进行创作。相对于室内空间在表现的题材，艺术语言等方面都更为多

图3-48

a

b

图3-49
涂鸦

元化。另外在室外空间创作时艺术家要考虑手绘墙画作品与周围环境的关系。

（1）**奇幻表现手法**。奇幻是一种无意识的、纯粹的精神心理活动。奇幻表现手法在手绘墙艺术中依靠艺术家自由的想象力来构筑天马行空的画面，创造出在现实生活中不曾出现的奇幻、怪诞的景象。奇幻风格墙画不受理性、道德、审美的制约，有一种梦境般的美，充满夸张与丰富的想象力。奇幻手法大多表现一些现实生活中并不存在的题材。这种风格也广泛运用于奇幻电影，动画艺术中（图3-48）。

（2）**涂鸦表现手法**。随意性的涂鸦是当代手绘墙中表现出来的又一个特点，涂鸦表现手法是现代绘画平面化的体现。通过注入娱乐、幽默和嘲讽，创造出一种自由的氛围。由于涂鸦本身具有色彩丰富、造型夸张的特点，涂鸦运用为城市和生活增添了情绪和色彩。让单调、冷漠的城市变得充满轻松、幽默的艺术氛围（图3-49）。

（3）**抽象表现手法**。手绘墙艺术家运用丰富的想象力和创造力重新认识我们生活中的事物，把日常生活中的事物通过非逻辑方式打散进行重组，用非具象的艺术语言表达。于是出现了打破原本事物形态意想不到的效果。这些作品以一种陌生化的语言把不同空间、时间的事物归纳为符号，根据创作需要进行重组，展示出一片新景象。

（4）**写实表现手法**。写实是手绘墙艺术重要的表现手段。写实手法将需要传达的信息真实地展现在画面中，给人真实可信的心理感受。手绘墙的写实艺术表现手法不是简单的模仿自然或现实，而是通过选择、概括、提炼的艺术形式。如法国的斯特拉斯堡林荫大道一个叫"斯特拉斯堡歌女"的酒吧，门前有一棵高大的法国梧桐。手绘墙艺术家运用写实手法将梧桐的树影巧妙地绘制在墙上，这样无论是今天还是明天梧桐的影子永远停留在那个时刻（图3-50）。

（5）**幽默的表现手法**。幽默本身就是一门艺术，手绘墙艺术常将现实生活中的一个局部以幽默的方式表现出来。作品通过对生活或社会敏锐的观察，在采

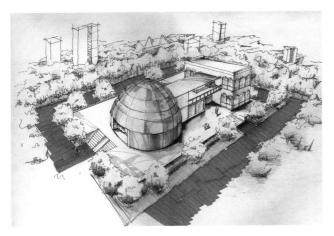

图3-50
学生詹清作业

图3-51

取包容的态度的同时，抹开表面现象直接揭示事物深刻的本质，尤其是那些得到大众普遍认同的。幽默可以达到出人意料又在情理之中的艺术效果，可以说是最能体现手绘墙艺术娱乐化和大众化的表现手法（图3-51）。

第三节

其他设计领域中的插画设计

插画一直是最直接的视觉传达形式之一。然而，

作为现代视觉传达领域中的一分子，插画呈现出前所未有的多样性。它不断地跨越学科的界，并突破了传统的约束；插画所创作的图像可以用来印刷和放映，可以用来展览，也可以应用到建筑当中。插画不仅出现在书籍封面、杂志上，也出现在光盘封集、海报、网页、服装、滑板和电视等诸多地方。随着插画应用范围的不断扩大和持续更新，当代插画的任务就是要拒绝被归入其他艺术门类，并不断地给观众制造惊喜。并且它还必须始终坚持这样的理念：插画绝不简单。给插画家的角色定位如同对插画进行学科定义一样困难。业内人士一般都不仅仅是以插画家的身份出现，他们也常常涉足艺术家、设计师、手工艺者甚至作家的活动领域。插画家模糊了各种行业的界限并乐于打破行业的分类，他们常常跨越不同的学科并运用多种媒介进行工作。

一、服装设计中的插画运用

伴随着社会经济水平的提升，人们的艺术修养和审美意识逐步提高，对于服装穿着有艺术化的需求。根据服装设计的艺术标准，增加插画艺术元素与服装设计之间的结合，利用现代的服装设计元素，提升应用效果。本节将对插画服装艺术设计的内涵进行分析，研究插画艺术服装设计的标准，探究如何运用现代服装设计提高插画艺术效果，实现对服装设计品质的提升。插画艺术是利用插图绘画的特点将服装设计的图形表现形式提升，更加准确地实现对图形表现的感性认识，为现代服装设计提供新型的设计元素。

插画艺术设计自18世纪60年代开始，以优雅、和谐的设计标准形式为图样，充分提高色彩的强烈对比效果，利用对称结构标准，构建良好、丰富的色彩效果，提高服装图案的设计效果。服装设计插画艺术主要以花样为主，纤细轻巧、华丽柔美。现在的服装，越来越多地将夸张的图案、富有个性特色的语言、明快的色彩拼接搭配在插画艺术形式设计中，表现出现代服装设计的艺术效果。

1. 服装设计中插画的表现形式

随着生活方式的转变，人们对于图形信息的接受要远高于文字，作为连接绘画与设计领域最为常见的插画图形，在设计活动中的应用日益广泛。插画图形以直观的形象性、趣味性和真实的生活感，与服装设计的形式语言具有融通性，为现代服装的表现增添了丰富的时尚元素。传统服装设计大多运用几何、花卉等比较规整的图案来表现服装的面料，在服装设计中采用插画风格元素，无论在表现内容还是形式上都更灵活、自由和主观，带来更广的视觉想象空间。同时，插画艺术语言也让时装贴上了另类的时尚标签，为服装设计开拓了一条新路径。插画艺术语言以不拘一格的表现形式，可以依据消费人群和服装品牌的定位及服装设计师的品位，用不同的风格语言，创造出绚丽多彩的时尚文化形态，其表现形式有具象风格、抽象风格、波普风格等。

（1）**具象风格的表现**。具象图像就是指写实的图形，较为直观地再现对象，也能进行装饰性的概括，夸张甚至是变形处理，使色彩和造型更为单纯、精练。意大利著名服装品牌设计师缪西娅·普拉达，在2008年春季系列时装秀上，成功地将插画师色洛特·沃特金斯的插画搬到了服装上，将插画布满整个服装，美女的头部始终处在最重要的部位，作品的人物造型精细，色彩绚丽斑斓，借助线条的飘逸，产生一种超越时空的变幻格调，充满了复古的细节（图3-52）。

（2）**抽象风格的表现**。抽象图形不受客观具体形象的束缚，用几何化的点、线、面及圆形、方形、三角形等形状来造型，用抽象性的语言构成美的视觉符号，具有简洁、单纯、鲜明的强烈视觉特征。众所周知，著名画家蒙德里安对几何图形有着特殊的感情，他擅长以大小不同边长的矩形，运用红、黄、蓝、白、黑等几种纯色，将世界的一切物象都纳入这纯粹的造型中。法国著名时装大师圣·罗兰从蒙德里安作品《红黄蓝》中获得设计灵感，推出了蒙德里安"裙"系列，那些直线、长方、三角、纯色创造了一种从未有过的新奇感，惊艳服装设计界，从此，黑线加黄蓝白组成的四格纹便成为其经典之作，并得以传承。无独有偶，对康定斯基作品的重新诠释在服装设计作品上得到另类的表达。英国设计师圣克利斯托弗·布朗落与巴西设计师布鲁诺·百索合作，通过将康定斯基形式理念转至理性分析的抽象过程，展现在服装的构成上。如果说康定斯基是抽象主义的旗手，那布鲁诺·百索就是在三维立体服装上保留二维抽象的旗手——一种纯粹的艺术表现——其将设计的重点放在塑造身体外廓形上，强调图形与服装结构相结合，而不是衣料表面的附属品。譬如，对于帽子的处理仿佛是用画笔随意横扫，宛若画家的调色板，衣裙亦是色彩和笔触的舞台，在跌宕起伏的衣褶中变幻万千，黄色从蓝色中涌出，又被红色所吞噬，任意地穿梭于三维立体的人体上，展现一代大师作品的经典（图3-53）。

图3-52
学生于丽君插画作业

图3-53
服装插画

（3）**涂鸦风格的表现**。涂鸦艺术作为街头艺术的一类，涂鸦艺术家有着叛逆的个性，为了宣泄内心，蔑视主流，彰显自我的手段，手法荒诞、图形怪异、色彩鲜明。当今国际顶级时尚界，将色彩斑斓的涂鸦艺术运用在服装设计作品中的代表人物是斯蒂芬·斯普劳斯，他既是时尚设计师、艺术家，习惯用霓虹涂鸦印花等街头打扮，创造一种独有的时尚艺术，他也是在高端时装上运用大胆霓虹色的第一人，用涂鸦表现了异样的完美，创造了全新的艺术形象，具有强烈的视觉冲击力。在路易威登的斯蒂芬·斯普劳斯系列作品中，涂鸦的字母和涂鸦玫瑰大花组合出现在几款手袋上，并奉为限量版，在成衣、鞋履、配饰、珠宝上也出现了涂鸦的元素，使品牌更年轻、更时髦（图3-54）。

（4）**波普风格的表现**。20世纪在欧美流行的波普艺术，借用商业艺术的创作手法，发展出融合商业艺术和大众文化的艺术风格，以其夸张的卡通、幽默的标语、报纸印刷图案、肖像的拼贴等方式，生成代表性的波普"符号"。在服装设计界，对波普风格的拓展人物是安迪·沃霍尔，他致力于颠覆传统的概念性创作，创作了最为人们所熟知的《玛丽莲·梦露》，尝试用纸、塑胶和人造皮做服装，上面印有受波普艺术影响的艳俗的花纹，他的实验为其他服装设计师开

图3-54
服装插画

辟了丰富的创新思路。随后的意大利服装设计大师范思哲，从前人作品中得到灵感，设计出"梦露"珠绣时装，传达出戏谑、反叛的特质，色彩大胆、前卫，服装廓形极其简约，勾勒出奢华和迷人的性感与优雅，光泽的湖蓝颜色、媚紫，加上金、银的金属感将波普服装风格演绎到了极致。在现代服装设计中，仅从服装款式或面料方面寻找创作灵感是有限的，基于消费者追求个性和自我的心理，以及设计师对图形的自我表达的需要，二者的诉求加速了插画艺术与服装设计的联姻，诸多风格类型的插画艺术成为服装设计师灵感的源泉，为服装的时尚元素取得了新的拓展，也为当今中国服装设计提供了新的思路和方向。

2．插画艺术在服装文化变迁中的应用

服装设计中的应用首先表现在服装文化的变迁方面，插画艺术能够有效地诠释人类服装文明的传统积淀以及文化内涵，将服装文化的内涵淋漓尽致地表现出来。时装插画在中国有着悠久的历史，可以说时装插画与世界时装史是一同发展的。比如1672年的一种时尚类刊物中就通过插画的形式展示了当时法国女性的穿衣风格及方式。在这一时期，人们对服装的了解主要就是通过插画的方式，可以说插画承担着传播服装文化的作用。一直到了20世纪初，插画艺术已经逐步成为服装杂志中至关重要的一部分。现阶段，插画艺术在服装设计中的作用已经不仅仅体现在杂志插图或者设计效果图中，越来越多的服装设计师或者广告设计师开始以此为根据寻找设计的灵感，这一时期的插画艺术主要是以人物为题材，通过插画艺术进一步增强对服装设计中人物形象的想象，最终促进了服装文化的发展以及创新。

3．插画在服装品牌形象中的运用

品牌形象是指服装品牌在市场上和社会公众心目中所表现出来的个性特征，它体现着公众特别是消费者对服装品牌的认知与评价。服装品牌形象是消费者头脑中与某个服装品牌相联系的属性集合和相关联想，是消费者对服装品牌的主观反映。服装品牌形象不但能使服装品牌产品在更大的广度和深度上吸引顾客，而且能培养顾客长期的服装品牌忠诚度。企业通过高质量的设计和塑造服装品牌，形成良好的服装品

牌形象，来提升服装品牌的知名度、信誉度，为企业带来良好的经济效益与社会效益。作为现代设计的一种重要的视觉传达形式，插画设计以其富有魅力的绘画风格与独具个性的设计构思，在塑造服装品牌形象的过程中，逐渐显露其优势，并日益得到广泛的运用。

（1）插画设计对塑造服装品牌形象的意义。

1）引发目标消费者的兴趣和潜在需求。插画中的形象、色彩、结构充满了活力，构思奇特的造型、缤纷夺目的色彩、引人入胜的意境，深深地吸引着大众的视线，其直观易懂的视觉形象，引发大众自觉地关注服装品牌形象，形成良好的服装品牌印象。而且，根据目标消费者的兴趣和潜在需求，运用插画设计来塑造服装品牌形象，能唤起其消费的需求动机，推动消费者走近该服装品牌。

2）增强和提升服装品牌形象。插画是一个靠图形来表现和诉说内容的艺术形式，在信息传递上有直接、简洁、目的性强等特点，且具有很好的大众基础。经过设计师简明直观化的艺术处理，将服装品牌形象的思想内涵得到集中而鲜明的强化与展现，使大众能够准确理解到与其观点相一致的信息内涵，因此，有效地增强了服装品牌的说服力。同时，这种可视化的视觉形象，也极大地克服了沟通交流上的障碍。

3）强化服装品牌的感染力，给人以审美享受。在插画设计的过程中，从构思创意到艺术表现都体现出服装品牌独特的审美内涵和美学价值，使服装品牌具有特别的艺术感染力。设计师运用适合的插画视觉语言对服装品牌进行设计，赋予其特别的服装品牌个性特征，使服装品牌具有一种难以言喻的美感，使大众在审美享受中自觉地注意到该服装品牌，欣然接受该服装品牌，自愿地采取购买行为。

4）商业插画是服装品牌与消费者之间的桥梁。服装品牌形象是服装品牌与消费者之间的相互作用形成的。因此，研究服装品牌与消费者之间的沟通媒介对于服装品牌形象的研究是非常重要的，商业插画就是媒介之一。商业插画向观众传达一个明确的、插画题材化的信息，它植根于客观的需求，这种需求或是源于插画家本身，或是由商业客户提出，都是为了

完成某个特殊目的。商业插画作为一种视觉语言和媒体，通过静态、动态或者动静结合的视觉图像"创造和回应消费者的行为模式、灵感、欲望、动机和需求来说服消费者去购买商品和服务"，成为现代社会服装品牌与消费者之间的重要的沟通媒介。有两方面原因促成了现代商业插画的极大复兴：一方面是图像时代的到来，信息传播中语言已经让位于视觉；另一方面是商业插画本身的多元化发展，打破了摄影带来的应用危机。

商业插画作为图像的一种，本身就具备视觉传播的特性。加上其强大的视觉冲击力、独特的个性以及基于绘画艺术的审美，能够迅速抓住消费者的注意力，成为现代商业社会各大服装品牌的宠儿，并且成了服装品牌与消费者之间良好沟通的桥梁。在这个读图社会，服装品牌要想塑造差异化的形象必然会借助视觉图像包装自己、宣传自己，而商业插画这种信息交流媒介的处理方式不仅更符合人们大脑处理和储存记忆的方式，而且更容易传达图像表达的情感和思想，这对于服装品牌形象差异化来说是非常重要的。

（2）插画在服装品牌塑造中审美的特征。在现代设计领域中，插画设计与数码技术的结合，使其具有多样化的表现技法，更为深入的主题表现。插画设计展示出独特的艺术魅力，一方面，引导大众追求新的生活方式与流行时尚，提高消费层次；另一方面，引发大众的潜在需求，刺激大众的购买行为。运用插画设计来塑造服装品牌形象，使大众对服装品牌有更深的感性认识，进而有利于培养大众对服装品牌的忠诚度与依赖度。

1）形象性。插画设计中的艺术审美是一种通过视觉符号、艺术形象去认识客观世界的思维活动。形象生动的视觉艺术能够唤起受众的审美情绪，从而符合其获取信息的心理需求和审美体验上的满足；同时，通过设计师的艺术化渲染，让受众对服装品牌产生好感度，从而激发受众对服装品牌的兴趣与购买行为（图3-55）。

2）趣味性。在插画设计中，设计师先根据需求把服装品牌的思想内涵加以深层次的联想，然后通过具体的形象符号表达出服装品牌丰富的感情色彩，最

后，运用视觉审美体系的各构成元素，把技巧和情感与各种视觉符号融为一体，转化为有趣、生动、精彩的服装品牌视觉形象，进而唤起人们对服装品牌形象的兴趣与认可。插画风格在服装品牌形象的表现上显示出独特的艺术魅力，其独特的亲切、活泼、个性、趣味的特点，生动地诠释出服装品牌形象的个性特征（图3-56）。

3）创造性。插画设计的创造性，具体而言是对所要传达信息的主题内容、表达形式所进行的创造性构思，是将审美与功能高度凝练，达到利于视觉传播的目的。因此，创造性将显示出不同国家、不同民族文化自我更新的活力和设计师本人的智慧才能（图3-57）。

4）多元化。随着新兴的传播媒介的介入，其传播速度快、传播信息量大、无地域性、交互性强等特点综合了视频、图形、文字、动画、音频等在内的多种媒体的效果，增添了插画的时间性和交互性，使插画从二维、三维空间走向了四维空间。数字网络的传播形式使得插画由单一的静止形态转向了立体化、空间化的多元形态，实现了插画与数字技术的结合（图3-58）。

（3）插画设计在服装品牌形象塑造中的运用。 插画在塑造服装品牌形象上的运用，能表达出与摄影决然不同的感受，创造出令人目不暇接的多元化形态：

幻想性的、幽默性的、讽刺性的、装饰性的、象征性的、写实性的、趣味性的……用钢笔或针管笔能描绘出相当写实的细密画；用马克笔、蜡笔或毛笔能描绘出十分潇洒、粗犷或爽快的图形；用对印、刻印、版画等手法描绘出极富传统韵味的剪纸或木刻效果；也可用水彩、国画、油画、蘸水笔、鹅毛笔以及其他工具手段来创造出新的肌理效果与图形。

1）装饰图形。装饰图形在服装品牌形象塑造中的运用也很广泛，其中包括对传统装饰纹样的使用，设计中要注意不宜滥用装饰纹样，而应配合服装品牌内涵适当运用。装饰图形注重意义的联想及形式感的创造，是现代艺术设计中常用的一种形式。规则排列常以大面积的底纹形式出现在插画设计中，能产生富丽而又不失优雅的装饰效果。在设计中也可以通过对各种形式图形的延伸或截取，来丰富画面。

2）卡通漫画图形。随着时代的发展，卡通漫画的流行，越来越多的卡通形象被大众所熟知，除了儿童，卡通形象也受到了越来越多的成年人的喜爱。由于卡通形象具有活泼可爱、可控性高、不会生老病死、没有负面新闻等优点，是传统的真人形象代言所不具备的，所以许多企业都在积极的研究如何通过卡通形象来拉近与消费者的距离。企业可以将服装品牌文化及核心产品的特征等赋予卡通形象，通过塑造个性鲜明的卡通角色，以形成与竞争对手的差异化，增强服

图3-55
学生胡小静插画设计

图3-56
学生张筱淇插画作业

图3-57
服装插画

装品牌的亲和力。好的卡通形象不仅会格外醒目，还会带给消费者愉悦感，使之对服装品牌的印象更加深刻，从而乐于口碑传播。

3）归纳简化图形。根据表现要求，对所要表现的对象在细节上加以取舍，使形象比实物强化重点。案例：Summer cow牛奶系列化包装设计，这个牛奶产品系列目前为止，有三个不同的口味，分别是猕猴桃、西瓜和柠檬味，在这些产品包装上运用可爱俏皮的水果插画元素，逗人的色彩图标让人爱不释手。这组插画设计成功塑造出具有明显夏天味道的个性品牌形象。

4）夸张变异图形。在形象归纳简化基础上的变化处理，即不但有所概括，还强调变形，对象表现得更生动、活泼、幽默。案例：Bachelor's friend服装品牌一组汤汁调味罐体标贴设计，将产品原料运用夸张变形手法进行插画设计，设计出多种各具表现的造型，使大众对该服装品牌形成了既直观又深刻的印象。

（4）**运用插画塑造服装品牌形象的设计原则。** 插画能激发人们的想象力，能给观赏者带来丰富的视觉体验，由于其直观性和便于接受性，已经延展到网络、电影里的片花、CD封面、时装、玩具、游戏角色设定等一些新的文化载体当中。插画元素的运用对于服装品牌形象来说无疑是一种全方位的艺术提升，不仅有助于企业树立良好的社会形象，还能更为直观地展示企业的产品和服务。

1）准确传达服装品牌内涵。插画设计不但要单纯、简练、清晰和精确，而且在强调艺术性的同时，更应该注重通过独特的风格和强烈的视觉冲击力，来准确地传达服装品牌内涵以及鲜明地突出服装品牌形象，让受众在审美的过程中接受和处理所传达的信息。案例：SOFT冰淇淋服装品牌形象，非常可爱的形象设计，对冰淇淋形象进行提炼，细腻而大气，可爱但不做作，特别是对空间、墙面的把握，给人很有食欲的感觉。

2）艺术化的创意表现。插画设计要想使受众更乐意接受，设计师在设计作品的过程中，应该以审美原则与审美体验作为依据来创作，要达到最佳的表述

图3-58

方式，应先从审美特征入手，善于巧妙运用各种元素创造出适合不同欣赏习惯、富有个性的图形，并按照视觉心理规律和形式艺术化地将服装品牌形象主动地传达给受众，这样才能获得最佳的艺术效果。随着网络的飞速发展，网络已成为企业和产品展示其服装品牌形象、拓展销售渠道的重要阵地。我们处在一个大量新潮的网页设计趋势兴起的时代，使用插画在当今的网页设计中已经越来越常见了，插画元素可为服装品牌增加其独特魅力。插画通常是以漂亮的背景图片、动物或吉祥物的形式参与到网页设计中，甚至在全球范围内的网页设计师的作品博客里，经常以设计师卡通形象的形式出现。通常，建设网站是整个服装品牌的商业活动的一部分，网页的设计要服从于整体的服装品牌形象，不论是将企业标志加入网站中，还是创建令人印象深刻的网页体验，都应该使网站匹配服装品牌。

网站建设要给受众以深刻的印象，让受众容易记住网站，使用插画可以帮助达到这个目的，因为插画场景或者矢量图片容易吸引眼球，这些插画是网站独特的视觉元素，容易使页面变得有个性，从而更容易令人记住。

3）把握设计发展趋势。高质量的视觉传播形态应该是扎根于社会背景的基础上的适当创新，或者是

激发受众的潜意识，提升其审美能力。同时，视觉传播过程是一个开放的系统，不断地受到新的技术与意识观念的冲击而更新拓展。视觉创新不仅指观念上有所创新，并且在使用媒介和技术上也有所创新。

服装品牌形象对任何产品和企业来说都是重要的无形资产，运用插画设计来体现服装品牌的思想内涵，无疑是产品和企业在市场竞争中制胜的法宝之一。一个服装品牌不只是企业或产品的标签，而且经过联想，也是一种生活方式的基础。插画设计能具体地表达服装品牌的使用者的心理，在他们使用服装品牌时会觉得成了思想相似群体的一员。随着时代的发展，各种文化群体的意识在插画的表现风格上色彩缤纷，电脑的运用使插画设计拥有多变的表现方式，通过对插画元素分析，我们欣喜地发现很多服装品牌形象已经达到艺术性和商业性的完美结合。

4）强调插画中服装品牌的中心位置。服装品牌标志体是服装品牌形象的代表，是插画设计中强调服装品牌的切入点。商业插画以强烈的视觉冲击力创造画面，吸引消费者的同时不能忘记为服装品牌服务的宗旨，无法传达服装品牌信息的商业插画是失败的，不管画面视觉语言如何的绚丽夺目。为服装品牌创作商业插画肯定会有着一定的约束性，插画师们不可能像自由的艺术家那样随意表达自己内心，想画什么就画什么。服装品牌是商业插画的服务对象，在思考和创作的过程中要时刻牢记。服装品牌通过商业插画这一艺术形式与消费者进行沟通和交流，让消费者了解和体验服装品牌传达的信息，从而引起共鸣，产生良好的服装品牌形象。

5）突出服装品牌的基础上保持艺术性。商业插画应该通过艺术化的巧妙构思展示服装品牌和产品的需求，可以用最精简的图画将服装品牌的理念和文化转变为具有艺术性的画面。插画要使受众更愿意并且主动积极地接受，插画师在创作插画作品的过程中，应该以现代流行的审美原则和审美体验为依据来创作，以服装品牌消费者的审美特征为切入点，巧妙地运用与服装品牌相关的各种元素创造出符合消费者欣赏习惯的、富有创意的画面。并且按照视觉心理规律和艺术化视觉符号组合将服装品牌形象准确地传达给消费者，这样才能实现商业插画的艺术价值。

4. 插画艺术在服装设计形式中的应用

一般情况下，在进行服装设计时我们首先要考虑的就是服装的形式，而在服装设计的过程中加强插画艺术的应用能够形成一种设计灵感，从而设计出一种形式新颖的服装。在目前的服装设计中，插画艺术中的手绘插画、贴布绘画、刺绣绘画等表现技法都在设计的过程中得到了广泛的应用，其中既包括男装也包括女装。在进行这些服装的设计时，其服装造型、图案以及色彩等要素的选择都根据插画艺术进行了变形、重组、夸张以及归纳，通过插画艺术增加了服装设计师的灵感以及创新意识，扩展了服装设计形式的种类。除此之外，插画艺术在服装设计中的应用还可以进一步开拓思维，对服装设计时的比例、功能以及材料等要素进行合理的定位，满足人们对服装时尚性的要求，最大程度的体现服装的个性美，从而以此促进人们对服装的消费，实现中国服装事业的稳定发展以及人们精神文化水平的提高。

插画艺术自身的多边融合性决定了插画艺术在各个领域中都能够得到有效的应用。插画艺术设计在现代服装设计秀场中已经成为不可或缺的艺术元素，利用不同的插画艺术，对现代服装进行创新形式的设计，提高服装设计的市场认可度，增加多元化艺术风格的设计趋势，更好地找寻设计结合点，将服装设计的艺术语言表现出来，同样的，插画艺术在服装设计中的应用能够实现其与服装设计的有效融合，通过插画艺术的艺术魅力及特点，加强服装设计的创新，通过分析国际上服装设计秀场的设计特点，研究其具有的艺术插画效果，实现中国服装设计的多元化、时尚化以及专业化，加大中国服装行业中设计的创新意识和能力，推动中国服装行业的稳定发展。

二、网页设计中的插画运用

网站起源于美国国防部内部局域的计算机系统。它由域名(俗称网址)、网站源程序和网站空间三部分构成。域名、网站空间由专门的独立服务器或租用的虚拟主机承担;而网站源程序则放在网站空间里面，表现为网站前台和网站后台。随着科技和个人电脑的普及，网页设计变得越来越重要。在网页设计中，文字和摄影图片的简单处理无法满足个人网站、服装品牌网站、艺术、游戏网站、美食或设计类网站及儿童类网站的艺术需求，这些网站都对插画形式颇有钟爱。插画的出现及时地填补了这些缺憾，为网页设计增添了许多色彩。

在网页设计中，增加插画元素能把网页设计提升到一个全新的高度上来。插画给设计增添了唯一性和特色，赋予设计鹤立鸡群的能力:设计者和艺术家在一个具体设计中的许多部分都使用插画，比如作为背景、作为一个迷人页眉的一部分，或者作为文字中的一个强调。使用插画可以帮助网站品牌树立形象，网站的设计需要让来访者记忆犹新，因为插画场景容易吸引眼球，这些插画是网站独特的视觉元素，容易使页面变得有个性，从而更容易让人记住。网页设计，有无限种方式和方法可以来表现流动的内容，最终完成一个美丽的设计。其中以风格为主的布局，可能会让一个网站提升到全新的水平。插画在网页设计中的应用越来越受欢迎，设计师们通过设计创意制作出这些美丽的网页（图3-59）。

插画在网页设计中的应用充分体现了插画在视觉环境设计中的新运用。网络伴随着许多性质，它区别于传统纸质媒体的单一化，它使信息的获得更为多元化，更加多方式，更加随意。基于发达的互联网媒体上诞生的网页设计，传统插画可谓完成了一次新的革命。如果说20世纪90年代以前的传统插画是"插画师—插画作品"的关系，那么在现代网络时代，则演变成了"插画师—网络—浏览者"的三方模式。浏览者在浏览过后甚至与插画师能够达成互动，插画师可以得到许多反馈，是最根本的变化。我们可以看到，插画作品的阅读方式从过去的"翻书"阅读，过渡到网页中的"立体"阅读模式，插画采用的创作手段也更加丰富，更能抓住人的眼球，对情绪的渲染更强，同时对网页本身的艺术性和可读性也是很大的提升。在网页设计中，插画的表现形式主要有以下几个方面。

1. 个人网站

在主打发出自己声音，讲究个性的21世纪，个性十足的个人网站和博客类网站层出不穷。具有个人

风格特点的网页设计最为网页设计人员青睐，在表达自己语言、性格、审美能力的同时充分运用图形和排版设计语言，通过三维与二维软件，虚拟与现实空间的表达创作出令人意想不到的效果。许多优秀个人网站的网页设计师运用排版和作图软件，重新打造风格和布局，创造了意想不到的创意产品。由于网站设计的易于操作性，不少年轻人和艺术爱好者完全可以运用作图软件将自己的个人网站打造一新，创造与众不同、独一无二的，有着浓郁插画风格的个人网页。

2. 品牌官方网站

在凡事讲究品牌效应的当代，品牌的原创性和独特性成了其实力的重要体现。在品牌网站的设计中，插画的交互性和感染力能为品牌带来意想不到的魅力，同时提升网站的审美性，保持年轻的活力。设计师应结合品牌自身的气质，结合插画创意和技法创作出符合企业内涵的设计。肯德基网站上的一系列插画设计，首先，抓住了肯德基的受众群为年轻人的特

图3-59

点，插画风格追求活力，流行，年轻。其次，将产品的图片与插画采用拼贴的方式，组成新的意义。不仅别出心裁，更有种随意涂鸦之感，传达的信息是完全时尚的品牌语言。由于品牌文化已经深入人心，故在网页插画的创作上则更加随意和随性，更多的取代了文字的赘述，更加符合快节奏的生活和美式快餐的宗旨。

3. 网络游戏网站

网络游戏网站在网站设计中占了非常重要的一块。随着动漫时代的发展和网络游戏的发展，为人们虚构了一个全新的网络模拟世界。在一些游戏网站中，日漫的影响力非常明显，这与整个动漫时代有关，动漫影响了年轻一代人对事物的理解和解释方式，虚构了一个幻想世界。在网络的虚拟世界影响

图3-60

图3-61

下，出现了御宅族（御宅就是指过于沉迷于动漫、游戏的一类人），在表达方式上出现受到漫画表达方式影响的网络语言。因此在动漫网站里，使用与游戏相配的设计元素，特别是在图形及色彩的设计上。通过使用成熟的图标、图形和游戏画面，大面积地使用插画形象作为网站的主体，形成强烈的视觉冲击力。中国的武侠游戏大多是根据武侠小说制作，立体呈现了武侠世界，节省了制作成本，受到游戏玩家的青睐。这类网站表现的CG插画更多的是强调插画表现的整体效果，而不是简单作为网站的装饰，成为网站信息的主体。对于游戏网站的设计，必然要符合他们的心理需求，大量地使用游戏中角色人物的形象，将插画作为网站的主体，而不是如其他网站，将插画作为辅助。因为登录游戏网站的用户大多是该游戏的爱好者，所以在设计插画时要结合游戏本身创作，全方位呈现游戏的感染力（图3-60）。

4. 少儿类网站

少儿类网站的特点是符合儿童的发育特点，重点是增加与儿童的互动性。儿童插画的风格现在已不仅是儿童的专属，许多寻求童心的都市年轻人也在从儿童插画可爱的风格中找到共同点，加入到大人的创作中去。少儿网站中插画的运用应符合受众群儿童的心理，人物设定方面贴近儿童的特点，力求色彩鲜艳，造型可爱，符合儿童的语言和特征。儿童插画在书籍设计中，于绘本形式中大量用到，并且绘本在近年来受到消费者的喜爱，受众程度上也扩大了消费群体。儿童插画的质朴可爱风格已经不局限于儿童的欣赏层面，许多个人风格的网站从可爱的儿童类插画寻找元素，打造出各种童话梦境。FLASH和小游戏增加了儿童网站的互动性，一些应用游戏逐渐出现了上网者共同参与创作的艺术涂鸦，网络技术和多媒体的参与也给动态网页设计艺术增添了视觉享受（图3-61）。

三、中国传统文化艺术中的插画运用

1. 中国传统文化艺术是插画设计的基础

就本质而言，插画设计同传统国画、壁画、版画等均存在着极近的血缘关系，但是，插画设计并不属

于其中某一流派，而是独树一帜。若追溯其根源，其可能是传统绘画中的某个分支，无论是从最古老的壁画，还是民间版画，无不传承着中国传统文化的精髓。目前，正是中国插画设计发展的高速阶段，如何将中国传统文化艺术融入插画设计中已经成为摆在插画设计者面前的一个重大课题。传统文化与现代插画设计表面看似相互排斥，但本质正好一致。插画设计作为现代文化艺术中的一种，虽然不断转变风格，加快创新，但却无时无刻不在汲取中国传统文化的精髓。这恰恰体现了中国传统文化的魅力，虽然饱经时代更换之考验，却仍然能够展现其经久不衰的生命力（图3-62）。

2. 插画设计是中国传统文化的延伸

中国传统文化为插画设计提供了基础，使得插画设计得到了持续的发展，二者之融合使得插画设计得以不断延伸。例如，传统工笔画与插画设计的融和，由于传统工笔画不强调空间感，因此，将其应用于插画设计中可谓恰到好处，与此同时，传统工笔画的装饰性为插画提供了意蕴深远的背景，不仅展现了传统工笔画淡雅、清新、质朴之感，更展现了插画的明艳、动感，使得中国传统文化的神韵与现代插画的时尚得到了有效的融合。例如，在张旺所创作的插画——《孙悟空》中，他采用水墨画进行渲染，同时，采用工笔画进行勾线与造型，以展现孙悟空这一玄幻角色，恰如其分地体现了插画设计与中国传统文化的融合。

3. 插画与传统文化的内在联系

（1）**传统文化含义**。传统文化是指在历史发展过程中，传统文化通过不断地演化、融合与汇集形成的具有民族特质以及民族精神的文化。传统文化是将文化、思想、观念以及形态融为一体的精神特征。中国的传统文化是以儒家学说为基础，将墨家、道家学说以及释教、伊斯兰教等文化形态融合起来的文化综合。

（2）**传统文化艺术是插画设计的基础**。插画在设计中有绘画艺术的表现手法，在其本质上与中国传统的水墨画、壁画以及版画都有着一定的联系，但是严格来说插画并不属于其中某种流派，它通过自身的特点自成一派。现在，如何将传统文化融入现代插画

图3-62
学生李广远作业

中是一个关键问题。传统文化与现代插画虽然本质不同，但是在艺术表现上却有着一定的联系。各种插画虽然风格迥异，但都彰显着传统文化的精神与内涵。传统文化是历史的积淀，在几千年的发展过程中能够经久不衰，与其自身的文化内涵以及精神是有着一定联系的。

（3）**插画在一定程度上传承了中国的优秀传统文化**。现代插画在一定程度上以中国的传统文化为基础，通过二者的融合相辅相成，共同发展。如将传统的工笔画融入现代插画中，利用工笔画的装饰性特征增加插画的意蕴，可以有效地突出插画鲜明的时代感，又可以彰显出工笔画清新淡雅的绘画风格（图3-63）。

4. 插画设计中中国传统文化的应用

中华民族的传统文化博大精深，它不仅包含了儒家文化、道家文化，更囊括佛教等多种文化形态，经过文明历史演化，从而汇集成的一种集中体现和反映

图3-63
学生王远兵作业

中华民族特殊气质和面貌的民族文化，在中华民族悠久的历史中，将曾经出现过并且辉煌过的各种思想意识形态和文化习俗、观念形态的汇总表征。"中国传统文化具有众多鲜明的民族特色，其历史也非常悠久。它是由有着优良传统的中华民族世世代代继承发展起来的文化。对于中国传统文化的理解我们应该更有清醒、正确的认识。中国传统文化博大精深，但是却不能一味地浮夸和溢美中国传统文化。"现如今，建立在科学、民主、崇高的信仰、充分尊重人的尊严和价值等基础之上的中国文化更值得我们传承和弘扬。

随着市场经济的发展，本土文化对本土设计的影响日益加深，随着市场的成熟，人民生活水平的日益提高，无论是人们对于中国传统的认知、珍视、尊重意识的提高，还是作为插画艺术创作者在艺术创作当中对艺术的追求，源源不断的插画艺术创作中都融入了中国传统文化之元素，或加入了中国传统文化的内容。将中国传统文化转化成为视觉符号语言，或将中国传统文化中的元素融入插画艺术创作当中去，即成了社会群众对中国传统文化艺术化的渴望，更是插画家们的民族使命。插画创作将中国传统文化融会于艺术创作当中，既是对中国传统文化的继承发扬，又是对艺术赋予文化内涵和底蕴。

中国传统文化大体可分为如下两个方面：一方面是无形的非物质文化遗产；另一方面是有形的物质文化遗产。其中，前者关乎精神层面，即中国传统文化所追求的平面、淡雅、不透视性，并将此意境作为表达目标，在展示意境气质的同时，体现国人独特而又不失厚重的审美；后者关乎物质层面，即大众所熟知的中国传统元素等。将中国传统文化中的诸多要素和组成部分进行艺术化、符号化的再加工，从而将其融入插画艺术创作中去。由于中国传统文化的丰富多元化，使得其滋养下的插画艺术形成了无限可能的多元化形式。

（1）**传统节日文化的应用**。在插画设计及创作过程中，设计者可以通过烟花爆竹、门神及灯笼的应用来使观众联想到中国的传统佳节——春节；也可以通过粽子、赛龙舟等的运用使大家联想到端午节；若运用了月饼、圆月、团圆、嫦娥等，则会使人立即联想到中秋佳节。此类由传统民族节日所衍生出来的文化产物广受效仿，各地纷纷根据本地的民俗艺术展现不同的文化意义，诸如美食文化、服饰文化，甚至连当地少女出嫁所制嫁妆，传统建筑图腾艺术都成为极富特色的地域文化。由此可见，多民族所敬畏、信奉及遵循的影响力是难以估量的。当我们一次次地追溯设计的本源时，很少有人从一个国家或民族情感的角度深入进行思考，以探寻这些已深深积淀在大众心中的文化。

（2）**传统民间艺术的应用**。随着信息技术的创新及应用，插画设计中也开始融入现代化科技元素，特别是在如今这个视觉艺术主流的时代，传统插画设计已经找到了新的改进方向，不少动画艺术纷纷进入插画设计领域，诸如米老鼠、唐老鸭以及阿凡达等，这些无一不体现了时代的创新及插画艺术创作手法上的提高，此种提高无疑意味着和传统文化之间的"一决高下"。不少设计者过于追求技术创新所带来的视觉感受，却忽视了作品想要传达的内涵及意义，使得作品脱离了大众的精神文化需求。因此，必须将新、旧艺术相结合，将传统民间艺术融入插画设计中，以体现插画艺术的真正价值，在向公众展示视觉美感的同时，传达出强大的精神文化力量。例如，"东方树叶"等广告，就是传统民间艺术应用的典范。

（3）**历史文化元素的应用**。现代插画中，古老绘制手法越来越少，更多的是一些矢量图，虽然为设计者提供了极大的方便，但却丢失了原本的视觉亲和力，丧失了传统元素的应用，使得插画作品欠缺情感底蕴，同大众间产生了距离与隔阂。因此，在插画设计中可借鉴类似敦煌壁画等传统历史文化元素，以深厚的历史底蕴拉近和大众的距离。

（4）京剧脸谱元素的应用。京剧是中国的国粹，是中国传统文化中的重要组成部分。脸谱是京剧艺术中的化装表现形式，有着独特的魅力。京剧脸谱通过夸张的艺术表现形式，彰显人物的特点。京剧脸谱通过不同造型以及颜色，表现出不同的人物性格。如红色代表忠诚，主要人物有关羽；白色表示奸臣，就像秦桧；蓝色则代表草莽英雄；绿色意味着绿林好汉等。在现代插画艺术中融入京剧脸谱元素，可以提高插画的艺术表现效果。脸谱中的夸张表现形式可以彰显出插画艺术的独特魅力。如2008年北京奥运会举办期间，各地就出现了较多以脸谱为主的优秀作品。此类插画作品中，大多以脸谱图为主，运用大胆的色彩以及夸张的造型表达奥运主题以及人们的内心情感。京剧脸谱艺术与现代插画艺术的融合，改变了传统京剧脸谱的固有形式，提升了传统艺术文化的表现力（图3-64）。

（5）传统水墨元素的应用。在现代插画中融入水墨元素，在丰富了插画表现手法的同时，也促进了中国传统的水墨艺术的发展，实现了将插画与传统水墨元素的有机融合。中国的水墨画注重的是意境，对其精神更为重视，水墨艺术用其独特的艺术展现了自身的魅力。在插画中通过水墨形式、色彩来表达其内在精神，通过水墨画表达设计者的思想以及插画的主题，这是一种全新的表现形式。在插画中加入水墨艺术是将传统的文化通过多种艺术表现手法呈现出来，这种创新不仅凸显了传统文化的古典韵味，又具有一定的时代感。插画是通过多种不同的图案以及元素表达不同情感的艺术形式，而中国传统的水墨画在构图的过程中具有一定的灵活性，通过页面布局将天气、四季以及人物等元素融合起来。插画运用散点的方式，在进行取景、构图上有着一定的自由性与灵活度，形成虚实相间的效果，在构图过程中，对人物部分采用水墨画中的工笔细描，通过水墨元素的晕染与重叠进行整体的过渡与连接，以加强主体与背景之间的内在联系，提高插画的意境，拓宽发展空间（图3-65）。

（6）民间剪纸元素的应用。剪纸艺术是中国最古老的传统文化之一，是一种镂空艺术表现形式。剪纸艺术就是通过剪刀把纸剪成如窗花、门笺以及灯花等。在传统节日以及婚礼上将剪纸贴于窗户、房门以及灯笼上，用以烘托节日气氛。这种通过剪刀与纸张表现出来的艺术形式有着独特的东方韵味。剪纸艺术有着高度的概括性以及抽象的特点，通过夸张的形式彰显自身的特色。在插画中应用传统文化元素，就要

图3-64

图3-65
学生杜亚男插画作业

将传统艺术作为主要载体，在构图、造型以及色彩上融入传统元素。因此，在插画设计过程中要掌握传统文化的内涵，将其浓缩为艺术符号语言，通过自然、精准的表现手法，将其融入插画创作之中。

（7）**书法元素的应用**。汉字是中国的官方使用文字，是世界上唯一被广泛使用的语素文字。我们又将其分为中文字、国字以及中国字，主要包括甲骨文、大篆、小篆、隶书、金文、草书以及楷书等。汉字可以说是传统文化的直接代表，是文化传承的直接工具，是一种古老的语言形象符号。通过对汉字的深入研究，对其进行深刻的解读，对其形体进行探索研究，可以发现其具有很高的艺术价值。汉字字体在传统文化传承过程中有着无可比拟的重要意义。汉字有着明显的图形化特点，多种表现形式也有着较高的艺术价值。汉字形体的隐喻性、书法以及篆刻可以丰富插画的设计内容，提高插画设计中的创新性，展现民族特点。

随着市场竞争的日益激烈，插画不但要实现其信息传达的基本功能，还要通过设计中的传统民族文化的内在精神，促进中国传统文化的传承与发展，弘扬中华民族的思想以及艺术审美观。将传统的中国文化精华与现代插画有机融合，在历史文化中寻求创新与发展，形成独特的插画艺术风格，也是一种创新的尝试。在插画中应用传统文化，可以达到更好的艺术效果，弘扬中国的传统文化。

附录

附录一　插画设计的作品欣赏

附图1　　　　　附图2　　　　　附图3　　　　　附图4　　　　　附图5

附图6　　　　　附图7　　　　　附图8　　　　　附图9　　　　　附图10

附图11　　　　　　附图12　　　　　　附图13　　　　　　附图14

附图15　　　　　　附图16　　　　　　附图17　　　　　　附图18

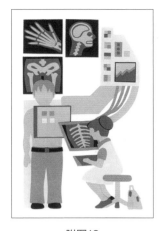

附图19

附图20

附图21

附图22

附图23

附图24

附图25

附图26

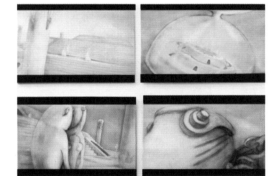

附图27

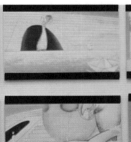

附图28

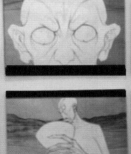
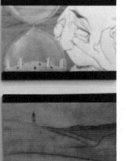

附图29

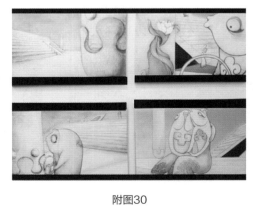

附图30

附图31　统一方便面广告插画

附图32　统一方便面广告插画

附图33　统一方便面广告插画

附图34　统一方便面广告插画

附图35　统一方便面广告插画

附图36　统一方便面广告插画

附图37　统一方便面广告插画

附图38　统一方便面广告插画

附图39

附图40 学生陶颖插画作品

附图41 学生陶颖插画作品

附图42 学生陶颖插画作品

附图43 学生陶颖插画作品

附图44 学生陶颖插画作品

附图45 学生陶颖插画作品

附图46 学生陶颖插画作品

附图47 学生陶颖插画作品

附图48 学生陶颖插画作品

附图49 学生陶颖插画作品

附图50 学生陶颖插画作品

附图51 学生陶颖插画作品

附图52 学生陶颖插画作品

附图53 学生陶颖插画作品

附图54 学生陶颖插画作品

附图55 学生陶颖插画作品

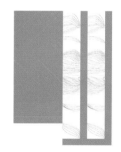

附图56 学生
陶颖插画作品

附图57 学生
陶颖插画作品

附图58 学生
陶颖插画作品

附图59 学生
陶颖插画作品

附图60 学生
陶颖插画作品

附录二　设计图库信息和相关参考资料介绍

1）素材图库

① 站酷http://www.zcool.com.cn

② 昵图网http://www. nipic. com

③ 素材中国http://www. sc-cn. net

④ 三联素材网http://www. 3lian. com/

⑤ 课件素材库http://www.oh100.com/teach/shucaiku/

⑥ 中国画册设计欣赏网http://www.51huace. cn

⑦ 北京设计欣赏网http://www.010design.com .cn

⑧ 科幻网图库http://www.kehuan. net/picture/index. asp

⑨ 中国GLF网http://www. chinagif. net

⑩ 闪盟矢量图库http://www.flashsun.com/home/read. php?qid=vector

⑪ 设计素材http://www.veer.com/

⑫ 背景素材http://th. hereisfree.com/

2）字库网站

① 字体精品集中营http://www. goodfont. net

② 模版天下http://www. mbsky.com/

③ 设计无限http://www.sj00.com/sort/2_1.htm

④ cubadust http://www. Cubadust.com

⑤ Fontfile http://www.fontfile.com

⑥ Free Fonts http://www. freewarefonts.com

⑦ Font Paradise http://www.fontparadise. com

⑧ Pcfont http://www.pcfont.com/font/main.shtml

⑨ Type is Beautiful http://www.typeisbeautiful.com/

3）摄影网站

① 色影无忌http://www. xitek. com/

② 蜂鸟网http://www.fengniao.com/

③ 新摄影http://www. nphoto .net/

④ 迪派摄影网http://www. Dpnet.com. cn/

⑤ Photosig http://www.photosig.com/

⑥ 摄影http://www. artlimited. net/

⑦ 黑白摄影http://www.mburkhardt.tumblr.com/

4）设计网站

① 中国UI设计网http://www.chinaui.com

② 火星时代动画网http://www.hxsd .com .cn

③ 视觉中国http://www. chinavisual.com

④ 设计在线http://www. dolcn .com

⑤ NWP http://www.newwebpick.com

⑥ 数码艺术http://www.computerarts.com .cn

⑦ 设计艺术家http://www. chda .net

⑧ 中华广告网http://www. a.com. cn

⑨ 中国设计网http://www.cndgn.com

⑩ 七色鸟http://www.colorbird.com

⑪ 鲜创意http://www. xianidea. com

⑫ 网页设计师联盟http://www.68design. net

⑬ 美术联盟http://www. mslm.com. cn/

⑭ 中国设计之窗http://www.333cn.com/

⑮ 网页设计模板网站http://www. templatemonster.com/

⑯ 网页制作大宝库http://www. dabaoku.com/sucai

⑰ 网页设计模版http://www.mobanWang.com

⑱ 网页设计模版http://www. sucai.com.cn/wangye/

⑲ 韩国网页设计模版http://sc.68design .net

⑳ JSK http://www.jsk.de/#/en/home

㉑ Nid大学http://www.nagaoka-id .ac.jp/gallery/gallery.html

㉒ GraphiS http://www. graphis.com

㉓ 蓝色理想http:// bbS blueidea.com/pages.php

㉔ 百度百科 http://baike.baidu.com/

㉕ 中国包装设计网http://www.chndesign.com/

5）广告公司网站

① 李奥·贝纳http://www.leoburnett.com/

② 智威汤逊http://www.jwttpi.com. tw/

③ 东道设计http://www.dongdao. net/main04.htm

④ 灵智大洋广告http://www. eurorscg.com/

⑤ 达彼思广告http://www.batesasia. com/

⑥ 精信整合传播http://www. grey.com/

⑦ Y&R电扬广告http://www. yr.com/

⑧ 金长城国际广告http://www.adsaion.com. cn/

6）设计协会

① 美国工业设计师协会http://www. idsa.org

② 英国设计与艺术委员会http://www. nsead. org

③ 芬兰设计协会http://www. finnishdesign. fi

④ 韩国设计协会http://www. kidp. or.kr

⑤ 国际室内设计师协会http://www. iida. com

⑥ 澳大利亚设计协会http://www.dia. org .au

⑦ 欧洲设计中心http://www.edc.nl

⑧ 瑞典工业设计基金http://www. svid.se

⑨ 法国设计机构http://www.rru rl.cn/iwop34

⑩ 波兰设计师http:// rrurl.cn/pjzxq1

⑪ 国际室内设计师协会http://www. iida.com/

⑫ 台湾室内设计协会http://www.csid .org/

⑬ 瑞士设计中心http://www. designnet. ch/

⑭ 首都企业形象协会http://www.ccli.com. cn/

⑮ 韩国工业设计促进研究会http://www. designdb.com/kidp/

⑯ 标志设计协会http://www.branddesign. org/

⑰ 芝加哥家具设计者联合会http://www. Cfdainfo.org/

⑱ 设计管理协会http://www. dmi.org/dm/html/index.htm

⑲ 美国设计集团http://www.designcorps .com/

⑳ 香港印艺学会http://www.gaahk .org .hk/

㉑ 澳大利亚设计协会http://www. dia .org. au/

㉒ 北美照明工程协会http://www.ies. org/

㉓ 企业设计基金会http://www. cdf. org/

㉔ 莫斯科设计师联盟http://www. mosdesign .ru/

㉕ 美国园林建筑师协会http://www. asla .org/

㉖ 俄罗斯设计团体http://www. artlebedev.com/

㉗ 设计在线http://www. dolcn.com/

7）广告创意网站

① 北京广告之拍案惊奇http:// blog.sina. com. cn/laobo

② 黄大八客http:// laiquwoziji .blog.tianya. cn

③ 广告创意第一搏http:// bukaa. blog.sohu.com/

④ 广告门http://www. adquan.com/

⑤ 创意汇集站http://www. creativesoutfitter.com/

参考文献

［1］叶莹，李博宇，等. 商业插画［M］. 北京：中国民族摄影艺术出版社，2013.

［2］郑大弓. 插图创意设计［M］. 沈阳：辽宁美术出版社，2009.

［3］廖瑜，赵继学，等. 设计概论［M］. 北京：中国民族摄影艺术出版社，2013.

［4］杨棣. 卡通形象设计素材集［M］. 沈阳：辽宁科学技术出版社，2012.

［5］黄卢健，郑万林. 卡通画设计［M］. 南宁：广西美术出版社，2003.

［6］金琳，赵海频. 网络广告设计［M］. 上海：上海人民美术出版社，2005.

［7］李蓟宁. 网页设计［M］. 北京：中国轻工业出版社，2015.

［8］王安霞. 包装设计与制作［M］. 北京：中国轻工业出版社，2016.

［9］孔德扬，孔琰. 产品的包装与视觉设计［M］. 北京：中国轻工业出版社，2015.

［10］孙成成，焦洁. 时尚插画设计［M］. 北京：中国青年出版社，2011.

［11］李舒妤，荣梅娟，等. 插画设计原理［M］. 北京：北京理工大学出版社，2014.

［12］陈纪松. 插画艺术在服装设计中的运用研究［J］. 美术视点，2015.

［13］张龙. 插画艺术在平面广告中的应用研究［D］. 广西艺术学院（硕士研究生学位论文），2015.

［14］王莹. 插画元素对网页设计风格实现的影响［J］. 学理论，2010.

［15］于长龙，张进平. 插画在当代招贴图形设计中的应用［J］. 齐齐哈尔大学学报（哲学社会科学版），2014（5）.

［16］孟倩. 传统文化在插画中的应用［J］. 求知导刊，2016（4）.

［17］李希. 广告插画商业设计探略［J］. 教育广角，2011.

［18］阎鹤，钱晶晶. 论插画在现代包装设计中的应用［J］. 包装工程，2014（10）.

［19］郭晨慧. 浅析商业插画中的写实性表现语言［J］. 包装世界，2014.

［20］黄姗姗. 书籍装帧艺术中的现代插画设计［J］. 学术天地，2015（12）.

参考网站

http://wiki.mbalib.com/

http://baike.baidu.com/view/280567.htm

http://www.truelink88.com/news/2010-08-26/146.html

http://www.022net.com/2010/8-13/47603423292701.html

http://news.longhoo.net/2010-08/10/content_3819907.htm

http://bbs.asiaci.com/thread-150022-1-1.html

http://blog.sina.com.cn/s/blog_545f415301000axr.html

http://www.zaobao.com/forum/pages1/forum_lx090828a.shtml

http://www.chinacity.org.cn/cspp/csmy/72969.html

http://blog.sina.com.cn/s/blog_4a60325f0100c93p.html

http://b.chinaname.cn/article/2009-5/4993_2.htm

http://baike.baidu.com/view/5555444.htm

http://jingji.cntv.cn/20100813/103805.shtml

http://www.alibado.com/exp/detail-w1013416-e341282-p1.htm

http://baike.baidu.com/view/2073448.htm

http://wenkubaidu.com/view/8b8a6289680203d8ce2f246b.html

http://www.wtoutiao.com/a/245519.html

http://baike.baidu.com/

http://wenku.baidu.com/

（本书部分资料选自上述出版物和网站，在此表示谢意）。